U0796956

静心

中国上乘智慧

精装版

吴国明 著

时事出版社
北京

图书在版编目（CIP）数据

静心 / 吴国明著 . —北京：时事出版社，2018.8（2023.8 重印）
（中国上乘智慧）
ISBN 978-7-5195-0088-7

Ⅰ . ①静… Ⅱ . ①吴… Ⅲ . ①人生哲学 – 通俗读物
Ⅳ . ① B821-49

中国版本图书馆 CIP 数据核字（2018）第 137784 号

出 版 发 行：时事出版社
地　　　址：北京市海淀区彰化路 138 号西荣阁 B 座 G2 层
邮　　　编：100097
发 行 热 线：（010）88869831　88869832
传　　　真：（010）88869875
电 子 邮 箱：shishichubanshe@sina.com
网　　　址：www.shishishe.com
印　　　刷：大厂回族自治县德诚印务有限公司

开本：880 × 1230　1/32　印张：10　字数：210 千字
2018 年 8 月第 1 版　2023 年 8 月第 4 次印刷
定价：48.00 元
（如有印装质量问题，请与本社发行部联系调换）

前言

走过很多风景，看过很多人，试过很多方法，却始终难以获得心灵的安宁，偶尔也会萌生像陶公一样追寻世外桃源的念头，却每每被现实阻碍而没有实现。相信很多人也与我一样，如同在凡尘中修行的苦行僧一般，苦苦追寻能够获得内心宁静的地方，但却像一个在偌大迷宫中迷路的孩子，始终找不到正确的方向。

后来才慢慢懂得，我们应该寻找的不是能让心灵安宁的地方，而是能让心灵获得安宁的方法。比起离群索居，大隐隐于市才是正解。远离尘嚣也许能让心灵获得一时的平静，但人总不能一辈子远离人群。我们需要的是即使身处喧嚣也能心气平和的修为，这就是静心所要达到的境界。

心静，所以世事皆明。在奔波的生活中静心，放慢脚步，才不会错过人生旅程的美景；在愤怒的情绪中静心，于世事纷争中保持一份理性与睿智；在抉择时静心，才不会仓皇失措、徘徊不定；在人生的起伏间静心，才能以清雅之姿一直居于高位；在痛苦时静心，心如明媚春光；在绝望时静心，才能发现人生的转机；静心看待名利富贵、浮华虚名，心才不易走向迷途。

时时做到静心。如此，即使生活坎坷万变，也能从中发现清明之路；纵使生活喧嚣繁杂，也始终能保持心性纯洁。

心若无物，便可一花一世界、一草一天堂。这是一种豁达的心境，更是一种了悟世事的心灵境界。翻开本书，跟随作者一同开启静心的世界，通晓静心养性的心灵智慧，回归最纯善的心境，于浮世中获得得之坦然、失之淡然、放之释然、变之安然的人生情怀。

在此，笔者需特别说明一下，本书是《静心：中国上乘养性智慧》（时事出版社 2014 年 7 月出版）的精装版，因原书广受欢迎，不少读者建议提高图书的制作档次，因此特重新审校后精装出版，以满足不同读者的阅读和收藏需求。

目录

contents

第一章　静心慢行，浮世中闲然自得

003 …… 活出真我风采
006 …… 顺其自然，静看红尘万变
010 …… 心有所向，方能波澜不惊
014 …… 得失成败，持一颗平和之心
018 …… 以心之“弹性”张弛命运之簧
021 …… 泡一杯静心茶，修一份祥和心

第二章　静心平怒，淡看世事与纷争

027 …… 生气之前跑三圈
031 …… 别被鞋子里的小沙砾硌到脚
035 …… 莫纠结于“是”与“非”
040 …… 任他无事生非，我心自安然
045 …… 一叶障目，不见泰山

048 …… 永远得意的阿 Q
052 …… 心平气和，内心愈加丰盈
055 …… 心宽，世界自然宽广

第三章　静心减负，以轻盈之姿游人生

063 …… 过了河，就放下船赶路
066 …… 庸人自扰之
071 …… 拾起一些，放下一些
073 …… 放弃“不为”，易“有为”
077 …… 浮生偷得半日闲
081 …… 从选定方向开始
085 …… 发现内心的财富

第四章　静心克躁，繁华苍凉皆安然

091 …… 沉下来，与纯净平和相遇
093 …… 平常心，禅意的生活态度
097 …… 最美的礼物是“此刻”
100 …… 老二哲学

104 …… 瘦身心灵硬盘
107 …… 寂寞中开出的花朵
112 …… 享受一个人的好时光

第五章　静心求稳，流年如歌无怨悔

119 …… 心不静，难入定
123 …… 三思而后说
127 …… 不让抱怨充塞自己的人生
130 …… 赢了争论，失了风度
134 …… 忍耐非懦弱，而是成熟
137 …… 舍得吃亏，得心安
142 …… 总要有路可退

第六章　静心守谦，春风得意须久长

149 …… 恃才傲物，不可取
153 …… 真正的强者不屑倨傲
157 …… 山水其高深，无须解释
160 …… 平衡内心的得意与欣喜

163 …… 于低处汇纳百川
167 …… 空杯心态

第七章　静心积淀，厚积薄发终有时

173 …… 低处的沉淀
177 …… “我已经够好了”
181 …… 当行则行，当止则止
186 …… 正在休眠的巨人
190 …… 总有一点比他人强
193 …… 不完美也是人生的一部分

第八章　静心取舍，心镜空明无彷徨

199 …… 做自己的独一无二
203 …… 累了，就卸下伪装
206 …… 从不是别人的影子
210 …… 什么都可以，只要你愿意
214 …… 沸腾的心需要沉静
218 …… 不同时追两只兔子

第九章　静心坚守，柳暗花明处处寻

225 …… 改变不了世界，改变自己
229 …… 危机中的转机
235 …… 明天又是新的一天
239 …… 因为痛过，所以坚强
244 …… 换一个方向
248 …… 幸运源于主动寻找
252 …… 蹲着哭，不如向前走

第十章　静心清念，浮生一梦当释然

259 …… 平实，人生之清雅
262 …… 虚名，不过浮生一梦
266 …… 心素如简，人淡如菊
270 …… 不在自己的世界里羡慕别人
275 …… 宠辱不惊，去留无意
279 …… 平平淡淡，真真实实

第十一章　静心淡欲，盛放如莲归本真

285 …… 别把心变成黑洞
288 …… 花半开，酒半醉
291 …… 放下，心灵刹那花开
295 …… 赠人玫瑰，手有余香
299 …… 知足常乐，身心快活
303 …… 无欲自然心似水
306 …… 享受寂寞的给予

第一章

静心慢行，浮世中闲然自得

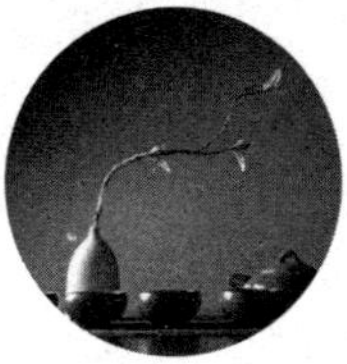

多久没有出去郊游了？多久没有好好地睡个懒觉了？

多久没有感受身边的清风与美景了？

每个人都在为了能有美好的生活而奔波忙碌，

却往往忽视了什么才是真正美好的生活。

静下心来，放慢你的脚步，那些平凡的美好一定会让你动心。

活出真我风采

现代社会的竞争异常激烈，为了不落后于别人，为了创造更美好的生活，很多人已经习惯了忙忙碌碌、你追我赶的生活，甚至来不及按时吃饭，日复一日，年复一年，惜时如金，箭步如飞。

殊不知，一味地追求速度，日程被安排得满满当当，神经往往时刻处于紧绷的状态之中，精神也会被紧张、浮躁、不安和焦灼所折磨，少了一份从容，少了一份镇定，我们将会变得郁郁寡欢，根本来不及体验生活的美好。

自从应聘到一家出版社工作后，杰克就一直是个“拼命三郎”：他每天的时间被稿件、传真、合同以及各种方案充塞得满满的，整个人就像卯足了劲的发条一样，即使是在周末时也会加班熬夜。因为太累了，杰克竟然在一天早上晕倒在众人面前。可就在卧床休息的几天里，他仍然在床上不分昼夜地赶稿子。外派工作时，他一连几天忙着走访图书市场，顾不上吃饭、睡觉，竟然在给总裁汇报工作时当场“失声”……

杰克就像在跑步机上行走的人，从来不曾停歇过，总是脚步匆匆、马不停蹄。终于有一天，生命的传送带还在继续运转，而前进的齿轮却坏了——杰克彻底崩溃了，因大出血住院。治疗期间，他对医生倾诉了自己的烦恼："我时时刻刻都像是在和别人赛跑一样，每一天都是紧张兮兮的，我感到越来越累！有时候我甚至觉得像是有人拿枪对准我的头部，必须要立刻做这做那，否则就要开枪！"

杰克为何会有那种被人拿枪指着的感觉，健康状况亦极度恶化呢？这是因为他一味地逼迫自己忙着赶路，过快的生活节奏使他在不知不觉中失去了内心的安宁，心仿佛永远无法平静下来，最终感到心力交瘁。

由此可见，当我们每天为了生活疲于奔命的时候，生活正在离我们远去。既然如此，为何不能让自己的生活慢下来？为何不能让它优雅一些？诚然，我们不可能让世界慢下来，但我们至少能够让此刻的自己松弛下来，让自己的心静一点。

放慢快节奏的脚步，让自己的心静一点吧！很多时候，我们就是在一步步看似缓慢的过程中体会到了从容镇定之美，感受到了生活的甜酸苦辣。这就像是旅行，不仅要跋山涉水地走完旅程，更要懂得欣赏与流连。

一位哲人讲过这样一个故事。

“上帝给我分派了一个任务，让我牵一只蜗牛出去散步。于是，我就照做了。在途中，我尽管走得很慢，蜗牛也已经在尽力地爬，可每次总是只能挪动那一点点的距离。于是，我开始不停地催促它、吓唬它、责备它。蜗牛只是用抱歉的眼光看着我，仿佛在说自己已经尽力了。我恼怒了，不停地拉它、扯它，甚至想踢它。蜗牛也只是受着伤，喘着气，卖力地往前爬。

我想：这真是太奇怪了，为什么上帝要我牵一只蜗牛去散步呢？于是，我开始仰头望着上帝，天空一片安静。我想，反正上帝都不管它了，我还管它干什么？任由它慢慢往前爬吧，我想丢下它，独自往前赶路。于是我就放慢了脚步，想将它放下，静下心来……咦？我忽然闻到了花香，原来这边有座花园，我感到微风吹来，原来此刻的风如此温柔……而我以前为何都没有体会到呢？我这才想起来，莫非是我犯了错误，原来上帝是叫蜗牛牵我来散步的……”

心若静，尘自飞；心若安，尘自乱。如此，无尘的心便轻上天堂。“慢”步人生路，不是磨蹭，更不是懒惰，而是让时间不再时时刻刻地都有棱有角，进而让心灵获得极大的放松。这里的“慢”是一种境界，一种回归自然、轻松和谐的境界。

“慢”步人生路，牵着心儿散散步吧！比如，每天早晨起来呼吸一下新鲜的空气，听一曲优美的曲子，抑或是在休息时给朋友送去自己亲手做的糕点，或者是陪着父母一同坐在电视机前聊一些琐碎的家常，又或者是一家三口一同出去郊游……

让自己的心静下来，一如流水般柔软。渐渐地，你便能重新找回带着心灵散步的节奏，找到一条归返心灵原乡的路。如此，你会发现内心的世界愈来愈无边无际，而你也能更从容淡定、游刃有余地穿梭在红尘世界中。

顺其自然，静看红尘万变

在自然界中，我们常常看到水从上而下、从高到低，顺应地势流淌，顺能通之道而游。水似乎没有自己的选择，只能顺其自然。但这种生存方式却使它拥有了一份平静之美，而且最终实现了回归大海的目的。

水是如此，人亦如此。但事实上，很多人不懂得顺其自然的道理。经常感叹命途多舛，抱怨命运不公，结果产生了紧张、郁闷、焦虑等情绪。显然，这种人是很难获得内心平静的，活得也不够从容镇定。

要知道，凡事都有着客观的发展规律，不会因为任何人和事而改变。外表再好不过是皮肉而已，老了还是长满皱纹；财富再多不过是身外之物，死了还是空有躯壳……所以，我们要时常静下心来，凡事顺其自然，不必刻意强求。如此你会发现，紧绷的心弦得到了放松，生活节奏不再紧张，即使事情不照着自己的计划进行，地球也照样会转，生活也照样继续，而且还会获得意外的惊喜。既然如此，我们又何必百般思量、苦苦苛求呢?

有一则寓言，或许人人都能从中得到启示。

在山间的一座寺庙里面住着一个老和尚和一个小和尚。三伏天里，禅院的草地成片成片地枯黄了，小和尚对老和尚说:“快撒点儿草种吧！好难看啊！”老和尚挥挥手说:“等天凉了，随时！”

秋天到了，老和尚买了一包草种，叫小和尚去播种。秋风刮起，将撒下的草种吹得满天飞舞，小和尚既着急又苦恼地跑进屋对老和尚说:“师父，草种都被风吹走了。”老和尚回答:“没关系，被风吹走的都是空的，即便撒下去也发不了芽。担心什么呢?随性！”

草种撒上了，一群小鸟飞来了，在地上专挑饱满的草种吃。小和尚看见了，紧张地大喊:“不好了，撒下的草种都被小鸟吃了！”老和尚慢悠悠地说道:“没关系，草种多，小鸟是吃不完的，随缘！”

半夜下起了暴雨，小和尚急忙穿衣跑出禅房，对着师父的房门喊:“师父，不好了，草种被雨水冲走了不少。”老和尚连眼睛都没有睁，淡然地说:“不用着急，草种冲到哪儿就在哪儿发芽，随缘吧。”

不久，许多青翠的草苗破土而出，原来没有撒到草种的一些角落里居然也长出了许多青翠的小草，一片生机。小和尚看到了，高兴地直拍手，老和尚却面不改色地点点头，说道："随喜。"

故事中，老和尚讲的"随"，就是指顺其自然。顺其自然是一种顺应天命、随遇而安的人生态度。正是由于知晓这种处世哲学，老和尚在面对各种变化的时候丝毫没有紧张无措，而是显得从容不迫、镇定自若。

可见，顺其自然并非消极地等待，更不是听从命运的摆布，它更多地是指凡事不必刻意强求，心中保持清静，没有妄情、妄念、妄想，而要让心境很平和，顺天而行，就像小草自然地发芽、生长一样，不受尘世的任何约束。

顺其自然是一种超脱自由的生活态度，一种内心的安定和淡然，它有利于我们放松紧绷的心弦，心平气和地看待红尘世界的万千变化，进而感受到生活的乐趣与意义，欣赏到生命中精彩的部分，切实地活出真我的风彩。

菲莉娜大妈是一位全职太太，需要照顾全家人的起居饮食，负责买菜、煮饭、洗衣、打扫房间、带孩子等家常琐事。她总是暗示自己：情况紧急，必须立即做完每一件事。她从早到晚都忙得腰酸背疼，却总有做不完的事，心情抑郁无比。

一个雨天，孙女米娜放学回家，把雨伞和鞋子放在门后，便坐到沙发上打开了电视机。“哦，天啊，你看你做了什么，地板上好多水渍，我要赶快把它擦干净！”菲莉娜大妈从厨房走出来，便要冲向门后。

“奶奶，请您休息一下吧，外面还在下雨，爸爸妈妈一会儿就回来了，那里还是会变得一塌糊涂的。待会儿再做这些事情不会影响什么的，现在您可以陪我照顾我的花儿吗？”米娜说。

“天啊，还有那么多活儿要做呢，我哪有时间陪你？”菲莉娜大妈无奈地耸耸肩，但看到米娜祈求的眼神后，她还是陪孙女给阳台上的花儿浇水、松土等。直到家人都回家了，大家坐在一起吃饭、聊天，然后菲莉娜大妈稍稍打扫了一下房间就去睡觉了。

躺在床上的菲莉娜大妈感到从未有过的快乐，好像以前那些做不完的家务活都变得轻松了，一切都变得不一样了，到底是什么改变了呢？她也不知道，但是米娜从此有了一个不再那么匆匆忙忙的奶奶。

生活原本不必如此忙乱，在大多数情况下，人们是自己在制造紧张情绪。顺其自然，不去勉强别人，也不强求自己，你会发现自己很容易就能够从紧张的情绪中解脱出来，而且可以获得内心的平和，从容愉悦地享受生活。

时常静下心来，凡事顺其自然，是经历了万千风雨之后的大彻大悟，是领略了人生峰回路转之后的身心空灵。

总而言之，顺其自然是一种坦然、随意的心境。当一个人能做到凡事不刻意强求、顺其自然地生活时，就能淡定自若地笑看人生的潮起潮落、从容不迫地掌控自己的生活，亦会发现“沉舟侧畔千帆过，病树前头万木春”！

心有所向，方能波澜不惊

如果我们留心观察身边的人，就会发现有些人精神饱满、朝气蓬勃、意气风发、魅力四射；而有些人却整天忙忙碌碌、晕头转向、垂头丧气。这本是一群智力相近的人，为何他们的生活会有天壤之别？

透过现象看本质，就会发现第一种人有一个为之奋斗的目标，而第二种人没有。他们不知道自己要到达什么地方，像一只只离群的孤雁，又像一只只迷途的羔羊，处在十字路口上急得团团转却迈不开脚步，在迷茫、焦躁、苦闷中煎熬着，蹉跎了岁月，虚度了人生。

如果你不信，那么我们不妨来看这样一个小故事。

贞观年间，有一匹马和一头驴子是好朋友，马在外面拉东西，驴子在屋里推磨。后来，这匹马被玄奘大师选中，经西域前往印度取经。

17年后，这匹马驮着佛经回到长安，重到磨坊会见驴子朋友。老马谈到这次旅途的经历：浩渺无边的沙漠、高入云霄的山岭、凛冽的风雪、汹涌的海浪……那神话般的境界，让驴子听了大为惊异。

驴子惊叹道："这些年来，你积累了这么丰富的经历呀！你真伟大，那么遥远的道路，我连想都不敢想。唉，更糟糕的是，我每天都忙忙碌碌，得不到片刻的清闲，真不知道这样的日子什么时候才是头。"

"其实，"老马说，"我们走过的距离大体是相同的，当我向西域前进的时候，你也一步没有停止。不同的是，我同玄奘大师有一个遥远的目标，按照始终如一的方向前进，所以我们到达了一个广阔的世界。而你被蒙住了双眼，一生就围着磨盘打转，所以永远也走不出这个狭小的天地。"

通过这个寓言故事我们不难理解，老马因为有目标而始终如一地向西域前进，驴子则没有目标，只是围着磨盘打转，始终走不出那个狭隘的天地。如此一来，尽管它一生所跨出的步子和老马相差不多，但依然碌碌无为。

现实生活中，很多人做事皆漫无目的，只是为了做事而做事，为了填充心中的空虚和恐慌而忙碌。到头来，时间过去了，精力付出了，却没有得到很好的效果，心情则越来越紧张，甚至将事情越弄越复杂。

相反，心静如水、排除一切杂念、心中有目标的人，自会深谋远虑、未雨绸缪，如此也就能从容镇定、心无旁骛地付诸所有的努力去实现那个既定的目标，任尔雨打风吹，就没有穿不过的风雨、涉不过的险途。

的确，只有在心中先有一个明确的目标，一切才会变得简单、明晰，做事的时候才不会被各种条件和现象所迷惑，才能获得一颗沉静如水、波澜不惊的心，才不会在风云四起、变幻莫测之时紧张无措。

公元前212年，古罗马军队突破城防，攻进了叙拉古。当罗马军队的士兵一脚踢开阿基米德的房门时，这位75岁的老科学家蹲在地上，正用双手托着下巴，聚精会神地研究画在地上的几何图形。

罗马士兵声嘶力竭地喊叫，故意将图踩坏。

“喂，你们踩坏了我的图，赶快走开！”阿基米德发怒道。

凶神恶煞的士兵毫不理会，把剑指向了他的头颅。

阿基米德明白了将要发生的事情，却毫无惧色地用手推开了剑，坦然自若地说：“等一下杀我的头，再给我一会儿工夫，让我把这条几何定律证明完毕，可不能给后人留下一道还没有求解出来的难题啊！”

说完，阿基米德又沉思起来，继续研究着地上的几何图形。然而，无知而又残暴的罗马士兵不由分说，还是一剑砍下了他的头颅。

面对罗马士兵的侵犯，阿基米德的反应无疑是震人心魄的。不过，他为什么能够如此不慌不乱、镇定自若呢？就是因为他心中有一个目标——他要将那条几何定律证明完毕，由此他方能沉静如水，即使面对危难降临也能做到波澜不惊。

爱默生说："一个朝着自己的目标永远前进的人，整个世界都给他让路。"的确，当有了明确的目标时，我们做事的动机就会得到维持和加强，我们就会排除一切杂念，心无旁骛地付诸所有的努力去逼近那个既定目标。

在这个纷繁复杂的世界里，从"昨夜西风凋碧树，独上高楼，望尽天涯路"，到"衣带渐宽终不悔，为伊消得人憔悴"，再到"众里寻她千百度，蓦然回首，那人却在灯火阑珊处"，每个人都应该心中有目标。

需要注意的是，目标一定要简单明了。简单明了的目标就像一个看得见的靶子，当我们一步一个脚印地向其逼近时，就会积累出越来越多的成就感，沉淀出越来越厚重的平常心，如此我们也就更有机会得到自己想要的东西。

知道目标的重要性是好的，但是成功不在于你知道多少，而在于你做了多少。为自己树立一个目标，并坚定地坚持下去，如此你一定能够不慌不忙地处理好各种复杂的红尘世事，活得从容淡定。

—— 得失成败，持一颗平和之心 ——

2008年8月17日，北京奥运会50米气枪三姿决赛。13时51分，在众人瞩目的气氛中，美国选手埃蒙斯举枪，瞄准，击发，最后一枪打出4.4环，全场的观众都惊呆了。

在此之前，在所有人看来，金牌已经没有悬念，因为埃蒙斯一路领先，其总成绩已领先第二名4环多，只要他最后一枪打出6.7环—— 一个在步枪射击中的业余水平，金牌自然就会被他收入囊中。这对于一个射击名将来说，简直易如反掌。

但最后一枪，埃蒙斯居然打出了4.4环的“意外成绩”。全场以及屏幕前所有的观众都惊呆了，现场直播的解说词也足有两三秒的停滞。埃蒙斯的名次一下落到第四，中国选手邱健在落后埃蒙斯约5环的情况下意外夺金。

在一片不知所措的惊叹声中，时光一下倒流到4年前，回到了2004年8月22日的雅典马可波罗射击场。那时，2号靶位的埃蒙斯同样以绝对优势超越所有选手，最后一枪他只要得到不低于7.1环的成绩就能夺冠，但最后一声枪响后，子弹竟然飞到了3号靶位上，金牌最终属于中国选手贾占波。

相同的项目、相同的情形、相同的结果，用解说员的话说就是“历史总是惊人的相似”。包括埃蒙斯自己在内的所有人都没有想到，噩梦就像幽灵一样，从雅典追到了北京，上帝再一次拨动了他的枪口。

是什么让埃蒙斯屡次失手呢？他太想成功了，太想取得奥运会金牌了，结果他的精神长时间处于高度紧张之中，中枢神经的工作受到了严重干扰，进而影响到了他正常的行动力，最终导致他与冠军失之交臂。对此，心理学家甚至把其称为“埃蒙斯魔咒”，意为过于渴望成功而造成紧张，致使很多人在关键时刻“掉链子”。

其实，“埃蒙斯魔咒”在多数人的生活中都存在。比如，台下准备得滚瓜烂熟的主持词，一上台却忘得一干二净；科学家即将完成一项研究了很多年的实验，却在最后一步因为一个极小的错误而与冠军功亏一篑。

我们再来看一个真实而形象的例子。

美国曾有一个著名的杂技演员叫华伦达，他最拿手的杂技是在高空走钢索，用“如履平地”来形容也丝毫不夸张。然而，正是这样一个技艺高超的杂技演员，却在一次重大的表演中不幸失足身亡。

那次观看表演的观众都是美国的知名人物，演出成功不仅会奠定华伦达在演技界的地位，还会给他的表演团带来滚滚财源。

十几年的梦想终于近在咫尺，华伦达紧张极了，上场前不停地说："这次表演太重要了，我一定要走好，决不能失败。"

事后，华伦达的妻子说："我知道他这次一定会出事，因为他太在乎这次表演了，把很多精力用在避免掉下来上，而不是用在走钢索上，结果他的心不再宁静，行动不再稳健。是他那颗追求成功的心，制约了他能力的发挥。"

太想穿好针的手忍不住会颤抖、太想踢进球的脚忍不住会颤抖、太想在面试中胜出的嘴会颤抖……因为那些人太期待成功了，不能保持住一颗平和的心，因此变得精神紧张，出现了严重失常的表现。

那么反过来说，如果我们能够时常让心静下来，保持住一颗平和淡定的心，有一份波澜不惊的镇定，如此，心就不会再被紧张的情绪所裹挟，就能谋定而动、清静而为，不激进、不懈怠，也就会功到自然成。

在这一点上，郭晶晶做得非常好。

2004年雅典奥运会上，在女子3米板单人跳水比赛中，郭晶晶在预赛中的成绩不是排在第一，人们都紧张地为她捏了一把汗，有记者问她有没有压力。郭晶晶看上去非常冷静和从容，笑着回答道："自己发挥好了就行了，比赛中没有必要想得太多，事先也没有想拿金牌，就是想完全把自己放开。"

最后一跳至关重要，直接决定比赛成绩，跳板上的郭晶晶始终面带微笑，还平静地理了理头发，走板起跳，向外翻腾一周半接转体两周半，利落地完成动作后，她“刷”地一声入水，现场的五星红旗立即挥舞不止。

拿到自己的第一枚奥运会金牌，站在领奖台上的郭晶晶没有激动的泪水，没有纵情的欢呼，有的只是淡淡的微笑、轻轻的挥手。正是有着这种对成绩的淡然，她继续在跳水界保持着良好的状态，用奥运会 4 金 2 银书写了国际体育史上的传奇。

郭晶晶之所以没有遭遇“埃蒙斯魔咒”，取得了骄人的成功，很大程度上在于她拥有一颗安静的心，能平和地面对比赛成绩。试想，如果她一心想要夺取金牌，还能以轻松的心态参加比赛，还能发挥出真实的水平吗？答案不言而喻。

每个人都急切地想要成功，都梦想着人生呈直线式上升，这是常有的状态，但是切记要尽量保持平和的心态，对成功不要过于苛求。如此，你将获得平静如水的淡定，最终将理想变成唾手可得的现实。

以心之“弹性”张弛命运之簧

物价上涨、工资太低、工作繁重、孩子太小需要照顾、子女升学、住房问题没有解决……现代社会充满了无数的竞争和挑战，随之而来的便是工作和生活方面的各种压力，可以说压力几乎无处不在。

适度的压力可以促使人奋发图强、激发潜能、成就梦想，但是如果压力过大的话，我们的心便难以宁静、坦然，往往会陷入极度紧张、苦闷和失望的情绪中。当压力超过一定限度时，还会产生意想不到的后果。

很久以前，在一个方圆几十里的大村落里，人们过着自给自足的幸福生活。突然有一天，死神向这个村落走去。

“你来做什么？”村里的一位老人问道。

“我要带走 100 个人。”死神平静地回答。

“太可怕了！”老人说。

“事实就是这样，”死神说，“我必须这么做。”

这位老人急忙跑去提醒所有人，死神即将来临，而且他要带走 100 个人的生命。于是，村里的人们陷入了无边的恐慌中。

第二天早晨，这位老人又碰到了死神，他非常不满地质问：“你告诉我你要带走 100 个人，为什么村落中一夜之间竟然死了 1000 个人呢？”

“我的确照我说的做了，”死神回答，“我带走了 100 个人，而压力带走了其他那些人。所以，这不是我的错。”

可见，有时人感到忧虑，其实并非真正的压力所致，而是自寻烦恼。而人为地夸大压力，甚至会让人丧命。

死神想带走 100 个人，怎么到最后会有 1000 个人丧命呢？这是因为人们都担心自己会是 100 个人中的一个，精神过于紧张。或许这个故事有些夸张，但是它告诉我们，过度的压力可以压垮一个人的精神和身体，它比死神更可怕。

每个人的生活中都有压力，面对同样的压力，为何有的人不仅没有愁眉苦脸、恐慌烦躁，反而能够在压力之下活得轻松自在，从而奋发图强，成就梦想呢？我们不禁要问：难道那些活得轻松的人有什么异于常人的智慧？

其实，这些人如你我一样，都是普普通通的老百姓，只不过他们能时刻保持一颗冷静的心，懂得自己释放内心的压力，能戒除焦虑等负面情绪，使自己不受其害，进而保持一颗健康的身心。

关于压力，有一句经典的话说：“压力是一块石头，对于弱者，它是绊脚石；对于强者，它是垫脚石。”你是弱者，还是强者？

如何把绊脚石变成垫脚石呢？很简单，那就是静下心来放下压力，放平心态。

一个被压力困扰的年轻人找到大学时期的心理学老师，希望老师可以告诉他如何正确对待压力。

老师递给他一杯水，问道："你说这杯水有多重？"

年轻人有点儿不屑地摇摇头，说："很轻，也就20克。"

老师没有再多说什么，而是一直让他举着，过了一段时间，又问："重吗？"

这时，年轻人举杯子的手已经感觉有些酸痛了，他换了一下手说："感觉很重，好像有500克。"

从20克到500克，两次回答，悬殊竟然有这么大。

老师说："其实杯子的重量没有发生任何变化，变化的是时间。同一个杯子，举的时间越长，你感到的分量就会越重。"

年轻人听了老师的话，若有所思。"倘若我们总是将压力扛在肩上不放，压力就像水杯一样，会变得越来越重。早晚有一天，我们将不堪重负。而正确的做法是，放下水杯，休息一下，以便再次举起它。"

年轻人这才恍然大悟：勇于放下压力，才能让自己一身轻松。

放轻松一点儿，适当地放下压力，这不是在向困难低头，也并非是向命运妥协，而是为了获得内心的安宁和平静。这样，我

们的心就富有了“弹性”，就能始终从容不迫、游刃有余地张弛命运之簧，弯而不折，曲而不断。

这是一种至高无上的人生境界，打一个形象的比喻，这就像大自然中的雪松一样，每当暴风雪逼近时，它那富有弹性的枝丫就会弯曲，使雪滑落下来。因此，无论雪下得多大，雪松始终完好无损。

总而言之，生活中的压力并不可怕，可怕的是不会放下压力。当我们的心过于紧张时，不妨静下心来放下压力。当你不被压力左右、内心安宁平静时，即使生活中有再大的风暴、面临更大的挑战，你也能从容镇定地应对。

泡一杯静心茶，修一份祥和心

遇到紧急情况时，你是否总是会表现得惊慌忙乱、手足无措？你是否时常感到莫名的恐惧，很容易被激怒？你是否对紧张的生活节奏厌恶至极？你是否在很多人面前发言时感到紧张、烦躁？

这些紧张情绪源自我们的内心不够淡定。但要知道，它们对于解决问题没有丝毫的帮助，只会令我们愈加紧张，令事情愈加糟糕。我们唯有静下心来，保持内心的淡定，积极开展行动，这才是战胜种种困难的最好方法。

一位茶师被告之将随主人远行一趟，为防止遇到坏人侵扰，不会武艺的茶师穿了一身武士服。谁知，刚走到闹市茶师就遇到了一个武士，武士热情地和他切磋武艺。得知茶师根本不会武术时，他气愤地说："你有辱我们武士的尊严！给你一些准备时间，今天下午到城墙来受死吧。"

茶师吓得战战兢兢，紧张得要命，但深知躲是躲不过去了，便直奔城里最著名的大武馆，拜倒在武师面前，把与武士相遇的情形复述了一遍，恳求武师教给自己一种作为武士的最体面的死法，好让自己死得有尊严一点。

武师说："那好吧，你就为我泡一遍茶，然后我再告诉你办法。"

"这可能是我在这个世界上泡的最后一遍茶了。"茶师很伤感，于是他做得特别用心，很从容地看着山泉水在小炉上烧开，然后把茶叶放进去，洗茶，滤茶，再一点一点地把茶倒出来，捧给武师。

武师一直看着他泡茶的整个过程，品了一口茶说："这是我有生以来喝过的最好的茶了，我可以告诉你，你已经不必死了。其实，我不用教你什么方法，你只要记住用泡茶的心态去面对那个武士就行了。"

茶师拜谢过武师后，前往赴约。那名武士已经在那儿等了，气势汹汹地看着茶师。茶师一直想着武师的话，只见他笑着看看武士，然后从容地解开宽松的外衣，一点一点儿地叠好，又拿出绑带，把里面的衣服袖口扎紧，然后把裤腿扎紧……他从头到脚不慌不忙地装束自己，一直都气定神闲。

茶师的眼神和笑容让武士越来越紧张、越来越恍惚、越来越心虚。等到茶师全部装束停当，正准备拔剑时，只见武士“扑通”一声给他跪下了，说：“求您饶命，您是我这辈子见过的最会武功的人。”

不会武艺且手无缚鸡之力的茶师从容、笃定的气势，彰显了退敌无数、自信满满的状态，结果做到了“不战而屈人之兵”。这个故事启迪我们，拥有一份安宁祥和的心境远比许多外在的修炼重要得多。

的确，当遇到人生中一些突发事件时，一味地惊慌是于事无补的，唯有在最短的时间内让自己静下心来，才能理性地看待所遇到的困难，认真地分析当前的困境，找出矛盾与症结所在，最终得出解决问题的方案。

赵刚温文儒雅，蒋钦善解人意，两人还有一个可爱的女儿，三人过着安宁的日子。但是，细心的蒋钦发现丈夫最近有些心不在焉，看自己时眼光也是躲躲闪闪的，她意识到自己的婚姻出了问题，可是哪里出问题了呢？

一天，蒋钦突然接到一个陌生女人的电话，对方说：“我是乔，我和赵刚很相爱，你们离婚吧！”通过向赵刚的好朋友打听后，蒋钦了解到丈夫在大学里曾经和乔有过一段刻骨铭心的恋情，后来因家里反对结束了恋情，一个多月前两人偶遇，并很快亲密地走到了一起。

知道了这件事情后，蒋钦心里“咯噔”一下，看来自己的婚姻遇到危机了，这可如何是好呢？该去责骂赵刚吗？该去咒骂乔吗？再三思虑后，蒋钦没有吵，也没有闹，反而对丈夫比以前更加体贴、更加温柔了。

面对妻子的举动，赵刚心想：明明是自己做错了事情，妻子却没有一丝敌意，要伤害这么一位细心照顾了自己10多年的善良女性，自己怎么忍心呢？很快，赵刚向乔表明了自己的态度，也断绝了两人的联系，这场婚姻危机总算化解了。

面对丈夫的背叛，几乎每个女人都会感到惊慌失措。但是，蒋钦努力让自己平静了下来，选择以淡定的心态来面对危机，最终用自己的温情化解了危机，夫妻关系进一步得到升华，实在是令人佩服。

所以，遇到问题的时候，应逼迫自己安静，安静，再安静。练就一份波澜不惊的淡定，方能理性地看待世事，方能理性地看待自己，方能不因生活的一时波澜而乱了方寸，最终以柔克刚、克敌制胜、驾驭生活。

第二章

静心平怒，淡看世事与纷争

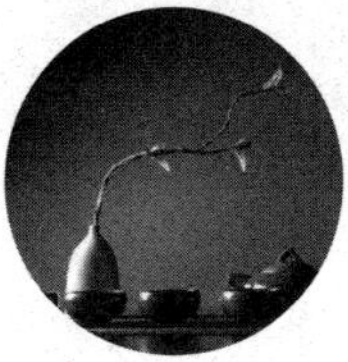

如果你一直被愤怒操控，

那么生活也将被愤怒之火炙烤得焦灼不安。

所以，当你愤怒时，请静下心来，向心田引入一股清泉，

浇灭怒火，浸润看待世事纷争的心。

慢慢地，你会发现，平心静气没有那么难，

激发怒火也没有那么简单。

生气之前跑三圈

人与人之间的相处需要宽容和冷静，当我们和周围的人因为某些原因发生矛盾时，就更加需要努力让心静下来，舍弃心中的怒火，切勿意气用事，然后心平气和地看待事情，冷静理智地处理矛盾。

要知道，愤怒无法解决任何问题，只会伤害别人的感情，使他们对你敬而远之，或者嗤之以鼻；一时发泄的痛快也不能给我们带来任何的快乐，只会让事情越变越糟糕，我们内心将更受折磨、倍感痛苦。

有一次，在前方征战的拿破仑得到消息，说他的外交大臣塔里兰勾结外敌密谋造反，于是他匆忙从西班牙赶回来，立即召集所有大臣，心想：我一定要揭穿塔里兰这个家伙，要狠狠地数落数落他，让他回心转意。

在会上，拿破仑一看到塔里兰就压抑不住心中的怒火，他不管周围的其他大臣，只是愤怒地看着塔里兰一个人，恨不得用眼中的怒火将他化为灰烬，可是塔里兰却没有任何的反应。这时候，拿破仑再也控制不住自己的情绪，走近塔里兰说："有些人希望我马上死掉！"

塔里兰的确在密谋造反，但他深知拿破仑的性格，所以想故意激起拿破仑的怒气，让他发火，从而让他失去领导者的权威，他没有采取任何异常举动，只是用疑惑的眼神看着拿破仑。终于，拿破仑的怒火像火山一样喷发了，他冲着塔里兰大喊："你的权力是我给的，你的财富也是我给的，你竟然背叛我，你这个忘恩负义的家伙，没有我你什么都不是，你不过是一团狗屎，我再也不想见到你。"说完他甩袖便走。

塔里兰依然镇定自若，等拿破仑走后他才站了起来，一脸平静地对大臣们说："我们伟大的皇帝今天是怎么了？他为什么对我如此暴躁？我可没有做什么对不起他的事情。或许，是他心情不好才会这么没有礼貌的。"

看到这样的场景，大臣们觉得拿破仑开始走下坡路了。拿破仑的怒气让他失去了一个领导者应该有的权威和度量，影响了人们对他的支持，最后他居然丧失了主宰大局的权力，从而让塔里兰的阴谋得逞。

拿破仑控制不住心中的怒火，对塔里兰大肆发火，结果失去了一个领导者应该有的权威和度量，失去了解决问题和冲突的良好机会，导致自己处于孤立无援的境地，权力也因此而风雨飘摇，真是可悲可叹。

美国生理学家爱尔马通过实验得出了一个结论：如果一个人生气10分钟，其所耗费的精力不亚于参加一次3000米的赛跑；人在生气时，很难保持心理平衡，同时体内还会分泌出带有毒素的物质，对健康十分不利。

既然如此，何必动怒呢？不妨学着让自己的心静下来，经常告诫自己要理智、冷静，也就更容易平息情绪、心安神定。只有在这样的心态下，我们才能和风细雨地化解矛盾，换来从容淡定的人生。

一个大庄园里有十几个长工，长工们闲来无事便常常坐在一起开玩笑，有时玩笑过火了就会起冲突。很多时候，冲突过后他们谁也不答理谁，还会将怒火发泄到工作中去，结果将农田弄得一团糟。

有这样一个人，每次当他和别人发生争执生气的时候，他便以很快的速度跑回家去，绕着自己的房子和土地跑三圈，跑得气喘吁吁，然后再回来继续工作，就像什么事情也没有发生过一样。这样的次数多了，大家都很好奇，询问这个人到底是怎么一回事，他每次都笑而不答，众人也理不出个头绪来。

由于这个人鲜少与人结怨，又踏实能干，薪水涨了又涨，房子越来越大，土地也越来越广。但不论房子和土地有多大，只要与别人争论生气时，他还是会绕着房子和土地跑三圈。渐渐地，他很老了，但还是会与人发生矛盾，这时候他还是会拄着拐杖，艰难地绕着房子和土地走。

有一次，这个人又生气了。当他在孙子的搀扶下，拄着拐杖，绕着房子和土地喘着气走完三圈后，孙子终于憋不住了，恳求道：“爷爷，明明是对方的错，您为什么要这样惩罚自己呢？您可不可以告诉我这个秘密？”

经不住孙子的苦苦哀求，这个人终于说出了隐藏在心中多年的秘密。他说：“我这不是在惩罚自己，而是解脱自己。我一边跑一边想着自己的房子这么小、土地这么少，哪有时间与资格去跟人家生气呢？等跑完了，我心中的怒火就消失得无影无踪了，心也平静下来了，便更有精力工作了。”

红尘之中，常人不可避免地会有怒气，而做事不理智、处世不冷静的后果极其严重：因为老板的一句无心之语而意气用事，盲目地提出辞职；为了一点小事、一丝隔阂而冲动、发怒，闹得夫妻不合，最后分道扬镳……

做到平心静气绝对是一种高深的境界。如果你每次生气时也能像故事中的这个人这样做，相信你必能收获一颗如莲花般清雅脱俗的心，和风细雨地化解和别人的矛盾，并且在思想境界上得到极大的升华。

你希望自己不被怒气冲昏头脑、更少出错吗？你期待自己的人际关系更加和谐吗？你渴望能更平顺地到达成功的彼岸吗？那么，务必在盛怒之时学着让自己的心静下来，守住一颗理智冷静的心。

别被鞋子里的小沙砾硌到脚

生活中，每天都有琐碎的事情发生：或许是早上挤公共汽车时，被别人不小心踩到了脚；或许是上下班途中遇到堵车，或者汽车的轮胎突然爆气了……这些小事看似很小，但对于许多人而言却像“小跳蚤”一样，令人心不静、气难消。

我们先来看一个典型的事例。

连续工作了一个月，这个周末琳岩终于可以歇息一下了。早上起床后，她正打电话问候自己的好友，可是调皮的儿子却拽着她的衣角不停地问一些问题，烦躁的她忍不住粗暴地挂上电话，对儿子一阵劈头盖脸的指责，结果儿子开始不停地抽泣，丈夫则指责琳岩的行为有些过分了。

顿时，琳岩的大好心情被破坏了。她一直想着这件事情，结果由于心不在焉，倒牛奶时不小心洒了，烫到了自己。琳岩十分恼火，认为都是儿子和丈夫的吵闹使她的心情变得十分糟糕。事情还不止这样，洗碗的时候，琳岩还打碎了一只杯子，虽然不值几个钱，但她简直要崩溃了。

就这样，琳岩几乎一天都没有什么好心情，她带着火气擦地，整理衣物，时不时地教训着儿子，也没有心情和丈夫说一句话。晚上睡觉前，她还不停地抱怨这一天发生的事情：“都怨儿子淘气，好好的周末居然被搞得如此糟糕。”

这时候，丈夫温和地提醒道：“儿子有什么错呢？ 他还小，缠着大人是常事，不高兴都是你自己造成的，更何况那是多么微不足道的一件事情啊！你为什么把自己弄得一整天不高兴呢？”

琳岩被牛奶烫到了、打碎了一只杯子、对丈夫不理不睬，原本好好的周末在不愉快中度过了，而这些仅仅是因为儿子哭闹这件小事惹恼了她。这就像著名作家肖剑所说的一句话：“很多时候，让我们疲惫的并不是脚下的高山与漫长的旅途，而是自己鞋子里的一粒微小的沙砾。”

生活中有许多琐碎的、像“小跳蚤”般的小事，它们虽不致死，但如果我们总是紧抓着不放，内心的苦闷情绪无法得到释放，就等于在无形中夸大了小事的重要性，只会给自己套上精神枷锁，使我们感到愤怒、苦恼和伤心。

打一个形象的比喻，生气就像滚雪球一样，一开始只是一个小小的雪团，但是若我们将一件本来无足轻重的小事一而再、再而三地放大，就等于不停地滚动这个小雪团，雪球自然会越变越大。

如此而言，当我们再次被“小跳蚤”搅得团团转的时候，请静下心来告诉自己这样一个事实：“生命太短暂，眼下这件小事确实值得我丢不开、放不下吗？”尽力敞开心胸，相信大多数人都能丢得开、放得下。

认识到这一点，我们自然就不会轻易地为鸡毛蒜皮的小事而抓狂，没有了一只只“小跳蚤”的骚扰，内心世界自然会清静不少，也就能腾出更多的精力去放眼世界，以一种高屋建瓴的视角去俯瞰红尘中的万千事物。

有一位年轻人坐火车出差，由于时间紧急，他只买到了一张站票。火车上非常拥挤，年轻人站在车厢过道里，问旁边一位有座的男子：“你在哪儿下车？”对方告诉他是下一站。年轻人窃喜不已：下一站就有座位了。

年轻人与一位老者并肩站在狭窄的过道里，他们不时地被挤来挤去。30分钟后火车到站了，那个有座的人下了车，年轻人刚要去坐座位，谁知却被另一个壮汉抢了。年轻人郁闷极了，恼火地盯着壮汉。

过了一会儿，年轻人在嘈杂声中听见一声惊叹：“窗外的景色很美啊。”是那位老者发出的，只见他凝神窗外，嘴角露出笑意。年轻人顺着老者的眼光看去，是一条河，波光粼粼，河上有点点的小帆，确实很美丽，但他正在气头上，哪有心思欣赏外面的风景，便露出毫不在意的表情。

老者似乎明白了什么，沉默片刻后，亲切地拍拍年轻人的肩膀："现在你把自己的心思都集中在跟你抢座人的身上，心里窝着一团怒火，没有心思欣赏窗外的风景吧！不就是一个座位嘛，难道你真想为此错过一路的好风景吗？"

年轻人听了，内心有些触动，默默地欣赏起路上的风景来。渐渐地，他被美不胜收的风景所吸引，心旷神怡。这时候，他甚至后悔自己刚刚居然愚蠢到为了抢一个座位而怒火中烧，况且那真的没有什么可气的……

诚然，每个人都有喜怒哀乐，生气是正常的情绪反应，但为一些本不应该生气的琐碎之事而大动肝火，这样的行为却是对自己内心的折磨，在他人看来也是极其愚蠢的。当冷静下来后，自己也会觉得可笑。

在愤怒之时保持一颗冷静的心，不让自己因为一些微不足道、鸡毛蒜皮的小事而抓狂。这样，没有了一只只"小跳蚤"的骚扰，内心世界自然就会变得清静不少，你的心情也将随之焕然一新。

所以，下次遇到不如意、不愉快的事情时，学着冷静一点，告诉自己："这只是一件鸡毛蒜皮的小事，根本就不值得我去发火。"如此做了，你将走出情绪的漩涡，还有什么矛盾可纠结的呢？

莫纠结于“是”与“非”

在这个世界上，我们每一个人都是独立的个体，都有自己的个性和思想，在和他人的交往过程中，也不可避免地会因为与别人的观念不同而产生大大小小、各种各样的矛盾。这时候，不少人会因此与对方发生争论。

毫无疑问，争论对于真理而言至关重要，但可惜的是，能够在争论中保持情绪平稳的人少之又少，绝大多数人不免心理失衡，被愤恨、急躁、焦虑等情绪控制，而这些情绪不利于解决问题，只会让自己的内心受累，生活各方面都陷于窘迫。

在这一点上，成功学大师卡耐基也曾吃过大亏。

二战后，英国举办了一场宴会，为一位战争英雄授予爵士勋章。宴席期间，一位声名显赫的先生讲了一段幽默的故事，并引用了一句话，大意是“谋事在人，成事在天”，他随后补充那句话出自《圣经》。

当时戴尔·卡耐基被邀请参加此次宴会，也在场。他知道那句话出自莎士比亚的剧本，所以听到这位先生如此说，便站起来指出那位先生说错了。顿时，那位先生红了脸，反唇相讥：“什么？出自莎士比亚？不可能！那句话就是出自《圣经》。”

“先生，你绝对错了，”卡耐基也有些愤怒，“如果你不相信我，你可以问问我旁边的法兰克·葛孟，他研究莎士比亚的著作已有多年。”谁知，葛孟在桌子下踢了卡耐基一脚，说道：“停止你们的争论吧，这句话的确出自《圣经》。”卡耐基茫然地看着葛孟，不知道他为什么要这样说。

宴会结束后，卡耐基私下质问葛孟。葛孟回答：“我当然知道那句话出自《哈姆雷特》第五幕第二场。可是，亲爱的戴尔，我们是宴会上的客人，为什么要证明他错了？那样会使他喜欢你吗？为什么不保留他的颜面？他并没征询你的意见啊！争吵有什么用呢？”卡耐基顿时愣住了，这才意识到为什么后来那位先生几乎不和自己说话，甚至许多人也都对他投来异样的眼光。

这件事给了卡耐基一个教训，让他发出了这样的感慨：“不要和别人做无谓的争论，你赢不了争论。要是输了，你自然就输了；如果占了上风、获得了胜利，你还是输了，证明你并不是一个会做人的人。”

毫无疑问，拥有渊博的知识、出众的口才为我们的工作、生活提供了有力的保障，但是如果凡事非要与别人争出个对错来，即使能够赢得口头上的胜利，也给自己徒增了几份烦恼和忧虑，无疑是得不偿失的。更何况，红尘之事本来就是真真假假，许多问题更是没有唯一的答案，说不清也道不明。

因此，从现在开始，当争论不断升级时，我们要学会静下心来，把心胸放宽一些，控制住心中的怒气，及时、主动地喊“停”。喊“停”看似一种退让，实则是一种以退为进的策略，能够和风细雨地化解矛盾。

下面，让我们来看一个典型的事例。

一天，位于某商业街的黄金行接待了一位面带怒色前来投诉的女士。一进门，这位女士就大声吵嚷：“你们太坑人了吧，你们看看我刚买的黄金戒指便出现一层灰蒙蒙的雾。”顿时，她的话引来了很多人的目光。

为了不影响其他顾客，店员小蔡客气地领这位女士到大堂顾客休憩区。她拿过戒指仔细地看了看，随后根据自己的经验推断是女士保养不当所致。女士一听着急了，指责小蔡信口雌黄、血口喷人，并声称自己买的是假货。

小蔡年轻气盛，怒从心来，但她稳定了一下自己的情绪后，还是微笑着、很客气地说道：“我们店里所卖的商品绝对是真货，这点您放心。现在戒指出现这样的情况，我们也很痛心。请问您在哪儿工作？”

“我在化学试剂厂工作，有什么问题吗？”女士火气未消，用不客气的语气回答。

“我还想问一下，您平时上班时戴首饰吗？”小蔡依旧微笑地询问。

女士白了她一眼，说道："当然戴喽！"

"以后上班时，您最好不要再戴首饰了。在试剂厂，首饰容易受到化学试剂的腐蚀，保养方法里提到过的。"小蔡耐心地给女士讲解。说完，她把这位女士的戒指交给了技术人员，经过一番清洁处理后，戒指恢复了原状。

这时，这位女士明白了戒指被雾化的原因，不好意思地道歉："刚才我太性急，还没搞清楚就……"接着，她走到黄金行营业厅内，大声地向其他顾客道歉："对不起！刚才我影响大家购买的情绪了，我在这里向你们道歉，向黄金行道歉。请你们放心购买金银首饰，这里无假货，服务好。"

小蔡是一位非常睿智冷静的人，面对女顾客的蛮横指责，她虽然心有怒火，但很快将怒气克制了下来，没有愤怒地与对方争论，而是心平气和地告知对方戒指雾化的真相。这样的不争，既和风细雨地化解了矛盾，又令女顾客对自己心生好感，从而为黄金行保留了一位回头客。

人与人之间的分歧是必然存在的。面对分歧，争论是一种重要的沟通方式，它不是单纯地为了宣泄愤怒情绪，更不是"泼妇骂街"，而是使你的观点被对方认可，使复杂的问题变得明朗化。

在这里，提供几个防止争论发生的简单小方法。

第一，无论你遭遇了什么事情，先让自己冷静下来，想一想因一时的冲动和别人争吵是否值得。这样，你的情绪就会迅速得到转移。你不妨先看看对方的脸，待情绪稳定一点儿后，再心平气和地说出自己的想法。

第二，深呼吸几下，最好是能够以“我不确定自己的想法是否正确，我是这样想的……”，“如果我的想法有错，请你指出来”等一些话语说出自己的想法，这样既能将自己的心态维持在一个稳定的状态，又能促使对方心平气和地听取你的意见。

第三，如果对方已经察觉到自己的想法有差错，这时候你最好冷静地对待吵架的结果，给对方一个台阶下。比如，你可以说：“其实我也存在不足的地方，谢谢你帮我加以改进和完善。”也可以说：“以前我也屡犯这方面的错误。”等等。否则，双方的敌对情绪会一直持续，也很难处理。

总之，争论不断升级时，及时喊“停”。用冷静代替愤怒，便能够容纳和理解世上的对错、是非，如此自然可以化解各种矛盾，我们的内心也能够获得平静和快乐，这是一个良性循环。凡事非要与别人争出个对错来，即使能够赢得口头上的胜利，也会给自己徒增几分烦恼和忧虑。这时，不妨学着静下心来，用冷静代替愤怒，这看似是一种退让，实则是一种和风细雨地化解矛盾的绝好策略。

任他无事生非，我心自安然

面对别人的攻击时，我们原来的心理平衡被打破，不免会情绪急躁、大动肝火，有时甚至对别人以眼还眼、以牙还牙。结果呢？大多是斗得两败俱伤，导致彼此间感情恶化，自己也很难有一个好心情，这又何必呢？

刚进公司还不到一个月，陈美娇就和单位同事合不来。在她眼里，科长的表妹仗势欺人，会计刘姐尖酸刻薄，她觉得这两个人总找自己的麻烦，于是决定给她们点儿厉害瞧瞧，让她们知道自己不是好欺负的。

自此，只要一见到这两个女人，陈美娇就有一种灭之而后快的冲动，对她们保持着一种仇视的态度，说一些让对方不舒服的话，甚至背地里暗暗要一些破坏性的小手段，并且见缝插针、乐此不疲。

过了一段时间，虽然陈美娇吃了点儿亏，可是那两个女人的嚣张气焰也被打压下去了。就在陈美娇沾沾自喜之际，没想到同事们对她的行径很不满，居然联合起来请求领导将她调离岗位。

尽管领导很认可陈美娇平时的工作，但考虑到团队的和谐，不得不“忍痛割爱”，将她“下放”到了基层。

像陈美娇这样，不能平静地面对别人的攻击行为，甚至以暴制暴，怎能在工作中占有一席之地呢？

因此，当我们遭遇别人的攻击时，与其情绪激动地与人争斗、反唇相讥，不如让自己保持一颗宁静的心，坦然自若地去面对。这样既能维护好内心的平衡，又能和风细雨地化解矛盾，进而赢得别人的赞叹，何乐而不为？

从前，有一个叫吴智的人很瞧不起僧人，一次出远门时，他恰好碰到一位老和尚，因为要往同一个地方去，两人便相伴而行。这一路上，吴智用尽各种方法讥讽、嘲笑老和尚，但老和尚好像没听见似的。

快到目的地了，吴智很不解地问老和尚为什么对于自己的侮辱根本无动于衷，始终心平气和？老和尚轻轻地一笑，回答道：“假如有人送你一份礼物，可是你拒绝接受，那么这份礼物将属于谁呢？”

吴智很快回答道：“当然属于那个送礼的人了。”

老和尚微微一笑，说：“我不接受这一路上你对我的辱骂，那你就是在骂自己了！”

吴智一下子变得面红耳赤，灰溜溜地走了。

由此可见，拥有一颗宁静之心的人，不管别人怎么攻击都影响不了他们的情绪，更左右不了他们的生活，他们始终相信清者自清，能够以更好的状态去面对人生中的各种矛盾，是活得最快乐、最坦然的人。

面对别人对你的言语攻击，你只要不生气就是最好的反击，如果加上微笑，那就更完美了。文学大师拜伦就曾说过这样一句话：“爱我的我抱以叹息，恨我的我置之一笑。”他的这一“笑”，真是洒脱极了、优雅极了。

俗话说“木秀于林，风必摧之”，别人之所以攻击我们，很大程度上是因为我们比他们优秀、能力比他们强，他们见不得“人好我差，人有我无”，因而心理不平衡，你又何必浪费自己的时间和精力去陪他们一起寻找这种平衡呢？

嫣然一笑、视若不见、充耳不闻，让人家去说，你仍走自己的路，使这种攻击行为伤害不到你、拖不垮你、拉不倒你、挡不住你。这种坦然自若的作风怎能不像磁铁一般紧紧地吸引别人的目光呢？

由于工作出色，若茗进入公司不到3年就被领导提拔了，从一个普通会计晋升为财务小组长。遇到这样的好事情，若茗心里自然是美滋滋的，上下班路上都哼着小曲，但是很快这种好心情就被破坏了。

有一个同事心理不平衡，觉得自己是老员工，凭什么这么好的机会让资历尚浅的若茗“捡”了。于是，他对若茗的态度尖刻了起来，说话很不客气，有时还带着“刺”：“有些人爬得真快，也不想想是谁在给她垫背”；“人家年轻，长得好看，悄悄抛一个媚眼，自然就能得到老板的宠爱……”

听到这些，若茗自然明白对方所指，她很是气愤，但理智还是控制了情感。办公室就几个人，她不想搞得很僵，毕竟还要与他们来往，而且自己也要发展和进步。于是，每当那位同事对自己风言风语时，若茗都嫣然一笑，继续埋头工作。

就这样，若茗顶着被否定的心理压力不断地提高自己、完善自己，工作成绩越来越好，又一次次得到了领导的表扬。时间久了，这位同事也觉得若茗的工作能力的确比自己高出不少，便不好意思再说什么了。

清者自清，用实力证明自己，才能和风细雨地化解矛盾。再者，一个能够在众人的目光下努力将自己变得越来越好、让众人望尘莫及的人，其心灵势必具有令人震撼的力量，令别人情不自禁地被折服，从而让他人只能欣赏你。

当然，面对故意的攻击也可以适当地反击，然而应该讲究反击的艺术性。比如，幽默的方式为最佳，这样既可以表达自己的愤怒之情，有效达到反击的效果，同时还让自己表现得非常有涵养。

在西方有这样一则趣事。有一天，德国大诗人歌德在公园里散步，对面走来了一位曾反对自己的评论家。这条狭窄的过道只能通过一个人，那位傲慢无礼的评论家头一昂，对歌德说："你知道吗？我是从来不给傻瓜让路的。"歌德连忙让到一旁，笑容可掬地说："我和你恰恰相反，请吧！"评论家十分尴尬，进退两难。

"我和你恰恰相反，请吧！"这句话表面上看似谦恭礼让，其潜台词却是明显的："我正好有给傻瓜让路的习惯！"歌德以其人之道还治其人之身，巧妙地把"傻瓜"这顶帽子回敬给对方，言辞之巧妙、风度之优雅，无不令人拍案叫绝。

总之，面对别人的攻击，只要不生气就是最好的反击。如果加上微笑，你势必心安神定，能够轻而易举地解决人生中的各种矛盾。

千万不要因他人的无理取闹、荒唐攻击而乱了方寸，也千万不要因此而大动干戈，让心灵平静下来，坦然自若地去面对，如此你不但能轻而易举地解决问题，还能心安神定，换来从容淡定的人生。

一叶障目，不见泰山

偏激可谓是静心的“天敌”。一位作家曾说过这样一句话:“人的一生像一局棋，常常是一步走错，满盘皆输。痛苦的少年，常会是后来不愉快的青年。不愉快的青年，往往是终生偏激忧郁的成年人。”

为何如此说呢？这是因为偏激者大都戴着墨镜在“行走”，往往“一叶障目，不见泰山”，看事以偏概全、做人固执己见、办事意气用事，这是一种病态，一种主观武断、我行我素的臆想。

关于偏激，有这样一个故事。

一个养鸡场的主人很讨厌保险推销人员，因为他之前遇到过出事之后不赔偿的案例，因此他觉得保险推销人员人前一套，背后又是一套，平时有事没事就向别人说保险业的坏话。

有一天，一个保险推销人员来养鸡场买鸡，养鸡场主人虽然很讨厌他，但是生意来了却不能放过，于是他就带着保险推销人员到养鸡场里挑鸡。对方左挑右选，最后终于看中了一只毛掉得差不多、头也秃掉的老公鸡。

养鸡场主人很奇怪，问他为什么要买这只又丑又老的公鸡。保险推销人员轻轻一笑，回答道："我回去把它养起来啊，然后路人看见了肯定会问我从哪儿买的，我就告诉他们是从你这里买的。"

养鸡场主人一听着急了："不行啊，你看看我这里养的鸡都是肥肥嫩嫩、漂漂亮亮的，就这一只又丑又老，你挑了它也就算了，凭什么还要把它当成我养的鸡的代表？那也太不公平了吧！"

这时候，保险推销人员笑嘻嘻地回答道："你看，同样的道理，少数几个保险推销人员行为不检点，你却把他们当成整个保险业推销人员的行为，那么，照你的话说，这对我们保险推销人员公平吗？"

若个性过于偏激，一激动就会迷失方向，便不能心平气和地面对眼前的人和事，很容易就走进了一个怪圈：不理智，从而偏激；进而更不理智，最后更加偏激，这无疑是静心的大障碍。

我们的生活与工作中，肯定会有偏激的人存在。比如，看到少数医生拿红包，就开始痛斥医生如何如何大笔收取"手术费"；看到社会上出现一些不公现象和害群之马，就愤慨人心不古、社会坏透了。

偏激心理的要害是情绪激愤，常常发生在我们对某件事有争论，尤其是争论的双方本来就心存芥蒂时。一旦出现意见分歧，就新账老账一起算，情绪更加激愤，这就容易将本来很小的问题复杂化，更容易将彼此的关系搞僵。

要想走出心理不平衡的误区，让自己变成理智的思考者，就要学会在纷繁的社会中保持一颗理智的心，不能以偏概全，固执己见，意气用事，一竿子插到底，而是要在公平、公正的基础上看待红尘世间的一切。

罗莉曾经被一个原本与她很好的同事伤害过，她气愤极了，偏激地认为在公司是没有人情可言的，于是对别人产生了警惕心理，在公司总是有意识地拒绝与别人交流，对别人也根本不关心。

刚开始，同事们还会友善地和罗莉打招呼，但罗莉回应的总是一张冷冰冰的脸，让对方很没面子。渐渐地，大家也就对这位冷美人敬而远之了，甚至还有些小小的厌恶，毕竟谁也不欠谁的，她凭什么摆脸色给人看啊！

在公司没有人把自己当朋友看，这让罗莉更感觉职场的冷酷无情，内心自是一片孤独，时常焦躁不安。主任了解情况后，找罗莉进行了深入的谈话，指出："如果你因为某一个人受伤害而将其他所有人都当作敌人的话，你是永远得不到快乐的。你有没有想过改变一下自己呢？拿出自己的信任和热忱与别人进行交往。"

后来，罗莉开始尝试着微笑地和同事们打招呼，热情地帮助别人，慢慢地大家对她产生了一种亲切感，自然而然地就喜欢和她做朋友了。有了平静安宁的心情，又有了好的人缘，罗莉工作起来很有激情，由此步步高升。

由此可见，要想和风细雨地化解矛盾，就要保持一种冷静的心态，培养沉着、老练的处世态度。对待周围的人和事，或支持，或反对，都要按捺住自己的激愤情绪，不能夸大自己的偏激认识。

个性过于偏激，就不能心平气和地面对眼前的人和事，不仅不利于问题解决，还会使矛盾激化，这无疑也是静心的大障碍。

只要有信心、有耐心，不断改变内心的非理性观念，学会全面、客观地分析和认识问题，在静心思考之后再陈述自己的见解，偏激就能得到有效控制，你就会变得沉着、大方、冷静、自信，从而从容地化解任何矛盾与冲突。

永远得意的阿 Q

现代生活中，人与人之间难免会发生一些矛盾和小摩擦，如相互不能理解和宽容，怒气不能平复，势必会造成不平衡的心理状态，小矛盾就有可能变成大矛盾，从而引发一场你死我活的情感搏斗，让彼此遭受折磨。

这时候，何不选择另外一种生活态度，适当地学学“阿 Q”，用“阿 Q 精神”进行自我安慰，努力让自己的心平静下来，获得心理上的满足，保持精神上的优胜，进而缓解并平复心头的恼怒，将一切矛盾化为乌有。

阿Q是鲁迅先生于1921年发表的中篇小说《阿Q正传》的主人公，无论遇到多么不顺心的事情，他总是有理由自己安慰自己。当人家嘲笑他贫穷时，阿Q往往反驳：“我先前比你阔多啦，你算什么东西！”与人家打架吃了亏，他心里就想：“现在世界真不像样，儿子居然打起老子来了。”当他被拉去杀头时，他便觉得人生天地之间“大约本来也未免要杀头的……”这样，阿Q“永远是得意的”。

阿Q的种种行为看似可笑，但实际上却是医治心理失衡的良方。它能够通过自轻、自贱、健忘、以丑为荣等妙法使自己陶醉于虚幻的精神胜利之中，以平息怒气和怨气，使心态宁静平和，精神常处于安然与舒适的状态。

面对人际间的矛盾，每一个人都有自己的做法，但若想在红尘中守住一颗如莲之素心，我们就要像阿Q那样主动安慰自己，缓释怒气和怨气，从而宽容起来，谅解一切，进而和风细雨地化解矛盾。

据报载，美国前总统林肯的“阿Q精神”十分典型。

一次，有一位议员当众羞辱了林肯。林肯非常恼火，回家后气得连饭都吃不下，于是他摊开信纸，给那位议员写了一封长信，他用最尖酸、最刻薄的语言将对方骂了个狗血淋头，然后才上床睡觉。

第二天早上，部下要将信发出去，林肯却将那封信撕了。部下迷惑不解，林肯笑着解释道：“我在写信的过程中已经把那个议员骂得很重了，好好地教训了他一番，气也出了，何必再把它寄出去呢？”

由此可见，“阿Q精神”实际上包含着让步、理解等一系列健康心理的素质，并借此达到“怡然自得乐、潇洒对人生、淡泊以明志、豁达心宽容”的境界，进而将不愉快的事情给予合理化处理。

在实际生活中，我们若想将自己从愤怒的情绪中解脱出来，轻松化解各种矛盾与冲突，就要时常学学“阿Q精神”，及时静下心来调整心态，用一颗平静的心面对矛盾，从而避免出现针锋相对、自毁前程的“闹剧”。

杜磊是一家IT公司的软件开发技术人员，曾经是公司的骨干。后来公司新招了两名计算机专业的应届毕业生，并令他们负责新技术的研发。杜磊很想参与该项研究，并拟定了一份计划书递交给领导，却迟迟没有得到回复。

眼看着两位新同事整日伏案攻关，杜磊心里更不是滋味，心想：“我在公司兢兢业业地工作六七年了，没有功劳也有苦劳呀，领导凭什么对我的请求置之不理，会不会让我下岗啊？是不是要过河拆桥呀？”杜磊越这样想，心中的怒火就越大，不仅对领导心存芥蒂，而且对两个新同事也很仇视，甚至对工作也不上心了，后来变得不想上班。

经过心理咨询，杜磊学会了“阿Q精神”：不就是个软件吗？不让我干我正好歇着，用不着加班加点了。再说了，领导不安排我工作，也是照顾我的面子，和两个年轻人平起平坐的，担心伤害我的自尊。这样一想，杜磊豁然开朗了。从此，他看领导也亲切了，看两个新同事也顺眼了，也能够积极地开展工作了。很快，领导鉴于杜磊优秀的工作能力和职业道德，将其提拔为技术研发部的主管。

公司的骨干居然受到了领导的冷落，这让谁都无法坦然地接受，幸好杜磊及时地学会了“阿Q精神”。很显然，这是他用平静制止住了愤怒，在精神上保持了优胜，进而化解了与领导和同事之间潜伏的矛盾。

试想，如果一些人能够时常学学阿Q，或许他们会更多地看到自己生活中值得珍惜的东西，不会因他人无意中对自己的伤害而积怨于胸，造成自卑、愤怒、脆弱的心理状态。

如何有效地运用“阿Q精神”呢？你不妨多准备几句积极的话来评价自己，评价自己所做的事情，例如“或许我真的不漂亮，但是我温柔而惹人爱”“我不和你们一般见识”“真理往往掌握在少数人手里”等等。

如此一番之后，你会发现自己的内心被重新灌输了平静的力量，心中的怒气得到了平息，能够潇洒自信地避免各种不必要的冲突。你还会发现，用“阿Q精神”进行自我安慰、平衡自己的心理、保持精神上的优胜是多么重要啊！

心平气和，内心愈加丰盈

在工作和生活中，人与人之间难免会有摩擦，我们不自觉地会将某个人视为自己的“敌人”，一看到他就怒火急冲心头，有一种灭之而后快的冲动，甚至会在背地里暗暗地耍一些破坏性的小手段泄愤？或者……

殊不知，用怒气打压或者消灭敌人并不能显示出我们的智慧，因为与之对峙的同时，我们自身的精力也必将有所消耗，自身的心性也必将有所动乱，不但不能化解矛盾，反而会加剧彼此间的冲突。

美国著名的建筑大王凯迪和飞机大王克拉奇感情很好，他们为了让关系延续下去，便让双方的子女成婚。这两个年轻人感情不好，经常吵架，后来凯迪的女儿竟然不幸惨遭杀害，而警方搜集来的证据都证明克拉奇的儿子是凶手，最终克拉奇的儿子被判终身监禁。

但是，克拉奇的儿子在事实面前却从来不承认是自己杀害了凯迪的女儿，而克拉奇也极力地为洗清儿子的罪名奔走上诉，又不惜花费重金为凯迪一家做经济补偿，以求得凯迪能到监狱去为儿子说情。

为此，凯迪一家十分恼火，痛斥克拉奇的儿子是罪有应得，指责克拉奇是在助纣为虐，埋怨自己当初怎么就看错了人，这令克拉奇很是恼火。自此，凯迪和克拉奇从秦晋之好变为敌人，他们在商场上明争暗斗，结果双方谁也没得到好处，都损失惨重。与此同时，他们的内心得不到片刻的平静，再也没有真正地快乐过。

就这样过了20年，事情终于真相大白，凯迪女儿的死根本和克拉奇的儿子无关。这件事在美国激起了轩然大波。面对记者的采访，凯迪与克拉奇不约而同地说了同样的话："20多年来，我们所受的心灵上的折磨是用任何金钱也支付不起的！"

20年的沧海桑田、悠悠岁月，两个本来很要好的朋友变成敌人而互相厮杀，怒气严重地破坏了他们的理智，摧残了他们的心灵，让他们在痛苦的深渊中苦苦煎熬。生命是多么短暂，这20年的确是用任何财富都支付不起的。

既然愤怒的伤害如此之大，我们何必固执地抱着愤怒，让愤怒折磨自己也折磨他人呢？面对那些令人不愉快的冲突，不如保持一种平和的心态，以理智之态处理，敌人也能成为朋友，烦恼也能顺利化解。

在这里，有一个经典的例子，我们不妨来分享一下。

欧玛尔，英国历史上唯一留名至今的剑手，他有独属于自己的取胜秘诀。

曾经有个与欧玛尔势均力敌的敌手，他与欧玛尔斗了30年，仍然不分胜负。在一次决斗中，那位敌手从马上摔了下来，欧玛尔持剑跳到他身上，一秒钟内就可以杀死他。但此时，对手却做了一件出人意料的事——向欧玛尔的脸上吐了一口唾沫。

欧玛尔停住了，对敌手说：“我们明天再打！”

敌手有点糊涂，忙问为什么，欧玛尔说：“30年来我一直在修炼自己，让自己不带一点儿怒气作战，所以我才能常胜不败。刚才你吐我的瞬间我动了怒气，如果此时我杀死你，我就再也找不到胜利的感觉了，所以我们只能明天重新开始。”

不过，这场争斗永远也不会开始了，因为那个敌手已经拜欧玛尔为师了。

那个敌手之所以能够与欧玛尔冰释前嫌、化敌为友，是因为欧玛尔面对他无理的举止并没有气愤地与他针锋相对，而是努力让自己保持心平气和。这是他不曾具备的气概，他为欧玛尔所折服。

“人生最大的敌人不是别人，而是自己；人生最大的胜利不是制敌，而是克己；以势压人，让人心口不服；以理服人，让人心悦诚服。”星云大师以生动而平实的语言阐释了人生克制怒气、将烦恼转为快乐的奥秘。

打一个形象的比喻，我们的心如同一个容器，它的空间是有限的。消除怒气并不需要刻意而为，只要你努力让自己的心安静下来，用平静之气不断充实自己，那么怒气自然就无容身之所了。

所以，即使别人的所作所为多么令你气愤，也要提醒自己冷静，冷静，再冷静。心平气和之下，我们的内心世界将会越来越丰盈，心灵将不受任何羁绊，自然就能自由自在地飞翔，从而在不知不觉中创造出许多美好。

心宽，世界自然宽广

每个人都会有生气的时候，生气就像打喷嚏，看起来似乎无法忍受，非打不可，但是很多时候，在自己火冒三丈之前，请用一颗宽容的心来对待那些让你动怒的人和物，你会发现这个“喷嚏”又会慢慢地退回去。

不生气的第一步就是宽容，学着敞开你的胸怀，以一颗宽容之心待人吧！要知道，宽容是一种能够紧紧地将怒气中的人包围住的力量，在这样的气氛中，没有什么事情是不能通过和平的途径解决的。

某座寺院住着一位德高望重的住持和一群小和尚。寺院戒律很严，一到晚上，寺门就会关闭，无特殊情况是不允许任何人出寺的。

一天晚上，用过斋饭之后，住持独自在寺院里散步。走到寺院南边的高墙时，他突然发现一把座椅斜靠在墙上，马上想到可能是哪个贪玩的小和尚翻墙出去玩耍了。老住持没有声张，走到墙边，移开椅子，就地而蹲。

一直等到午夜时分，果真有一个小和尚翻墙回来了，黑暗中，他踩着住持的背脊跳进了院子。他双脚着地时，才发觉刚才踏的不是椅子，而是住持。小和尚顿时惊慌失措、张口结舌。但出乎小和尚意料的是，住持并没有厉声责备他，而是以平静的语调说：“夜深天凉，快去多穿一件衣服。”

老住持宽容的态度感动了那位小和尚，自此小和尚再也没有违反寺规私自出寺，而是暗暗地努力修炼。过了很多年之后，他成了一位颇有造诣的高僧。

试想一下，如果住持发现小和尚翻墙之后对他大加责备，并处罚了他，事情又会怎样呢？也许，小和尚不仅不会引以为戒，而且会思考着下次如何偷偷出去才不会被发现，甚至记恨住持，更加不勤加修行。

怒气是斩断情意的利器，而宽容是沟通情感的桥梁。愤怒时静下心来，以宽容的心态待之，那么就能够大事化小、小事化了，和风细雨地化解矛盾，我们自然也就能够轻松获得一种淡定平和的心态。

大海因宽容而成就自己的浩瀚，天空因宽容世间万物而辽阔，人的胸襟也应以宽容别人而宽广。就像雨果曾说过的："世界上最宽阔的是海洋，比海洋还宽阔的是天空，比天空还宽阔的是人的胸襟。"

在琐碎的生活中，总会有很多令人生气的事情，也许是令人恼火揪心的婆媳关系，也许是朋友之间的争吵，或者是在某个场合与人发生了利益冲突……如果能够静下心来，宽容一点，后退一步，事情就很好地解决了。

也许有人会觉得，当两个人都在气头上针锋相对时，单方面的宽容代表的是怯弱。然而，实际不是这样的，这不是一种人性上的弱势，而恰恰表现出了你的智慧和大气，怀有一颗宽容之心的人必定是内心强大的人。

王宏是一名专业的程序设计员，由于出色的工作能力，他到公司不足半年就坐到了主管的位置，而被替换的旧主管自然是心中不服，他认为是王宏影响了自己在公司的发展，所以视王宏为眼中钉、肉中刺，一见到他就气不打一处来。

有一天，旧主管实在是压抑不住心中的怒火，跑到王宏面前说：“都是因为你，为什么你总是这么打压我？要不是因为你，我肯定会得到领导的重视，步步高升。可就是因为你，我才没有施展才华的机会。”

面对对方突如其来的怒骂，王宏有些不知所措，但是他强忍住心中的怒火，心平气和地说：“我不知道你为什么这么说，但我扪心自问，我没有做任何对不起你的事。如果我真的有什么地方做错了，请你说出来，我向你道歉。”

旧主管原以为面对自己的无理取闹，王宏肯定会勃然大怒，如此一来就干脆来个鱼死网破。但是王宏如此诚恳，出乎他的预料，他不知道接下来该怎么收场。其他的同事看在眼里，都劝他消消气，有的人甚至还批评他无礼。

让旧主管更为感动的是，在自己被众人指责时，王宏并没有落井下石，而是对其他同事解释说：“没关系的，他最近的压力太大了，有些事情是我做得不够到位，不能全怪他。”

这下，王宏不仅把旧主管的怒火给彻底浇灭了，还赢得了其他同事的赞叹。旧主管对王宏产生了莫名的钦佩，感激地看了他一眼，从此摆正自己的心态，与王宏冰释前嫌成为好朋友，二人被公司誉为“黄金搭档”。

王宏的聪明之处就在于他能够及时地静下心来，宽容旧主管无端、过分的指责，不仅不计较对方的无礼，而且还帮助对方解围。这样既阻止了一场无谓的争吵，而且还多了个朋友，更让自己赢得了同事们的赞叹。

宽容是一缕阳光，照耀着自己，也能够温暖别人的心；宽容是一丝春雨，滋润着自己的心灵，也滋润着别人的心田；宽容是一粒种子，播种在自己的心里，也在别人的心里生根发芽。我宽容，所以我不生气。

明白了这些道理之后，就将之贯彻到实际生活中去吧！相信你定能时刻保持一颗不气不恼的心，而且能够轻松地化解别人对你的怒气，让自己的生活少一份障碍，人生之路走得更顺畅一些。

第三章

静心减负，以轻盈之姿游人生

人生在世，总有很多东西让我们执着追求，难以放下。

当这些执着越来越多时，人的心就会越来越累，直到难以负荷。

我们要一直行走，一直向前，学会放下一些负累，才能走得更远。

与其背负沉重的包袱难以前行，不如放下负累，

以轻盈的姿态畅游人生。

过了河，就放下船赶路

生命如同一段旅程，在这段旅程中，每个人都背着一个空行囊向前行走。一路上，我们不断地捡拾想要的东西，就这样，越往前走，我们身上的包袱越重，如此身心不堪重负，轻松的感觉也就渐渐地消失了。

所以，如果你在生活中时常感到内心沉重、疲惫不堪，那么就需要静下心来，检查自己是否背负着太多无价值的、不必要的包袱？背着它们是否感觉异常的沉重？好好思考一下你还准备扛多久？

一位年轻人从千里迢迢的山上来到海边，想到一个地方去。他驾着一叶轻舟扬帆出海，劈恶浪，战狂风，鞋子破了，手也受伤了，流血不止，嗓子因为长久呼喊而变得沙哑，但还是没能到达自己的目的地。

有一天，年轻人靠岸休息时遇见了一位智者，便悉心求教："大师，我是那样地执著、坚强，长期跋涉的辛苦和疲惫难不住我，各种考验也没能吓倒我。我已疲惫到了极点，但是为什么还是到不了我心中的目的地？”

智者看了看他背后的大包裹，问道：“你的包裹里装的是什么？”

年轻人回答：“它们对我可重要了。里面有我生活必需的用品，有我每一次跌倒时的痛苦、每一次受伤后的哭泣、每一次孤寂时的烦恼，还有沿途获得的珍宝……靠了它们，我才有勇气走到这里。”

智者听完年轻人的话安详地问道：“你的力气实在是太大了，你一直是扛着船在赶路吧？”

年轻人很惊讶：“扛着船赶路？它那么沉，我扛得动吗？”

智者微微一笑，说：“你从那么远的地方背负了那么一大堆东西来，岂不有力？不就如同扛了船赶路吗？过河时，船是有用的，但过了河，就要放下船赶路呀，否则它会变成你的包袱。”

听完智者的话，年轻人顿悟，他把那个包袱放了下来，顿觉心里像扔掉一块石头一样轻松。他发觉自己的步子轻松而愉悦，比以前快得多了，目的地近在咫尺。生命原来是可以不必如此沉重的。

故事中这位年轻人因为不懂得放下身上不必要的背负，结果内心郁积、身心不堪负重；又因为在智者的提点下卸下了沉重的包袱，最终得以轻松上路，更加快速、顺利地到达了成功的彼岸。

这正如日本政治家德川家康所说的一句话：“人生不过是一

场带着行李的旅行，我们只能不断地向前走。在行走的过程中，要想使自己的旅途轻松而快乐，就要懂得在沿途抛弃一些沉重的包袱。”

的确，如果你希望自己的人生旅程是快乐的、轻松的，那么就应该时常静下心来，好好地整理身上的“背包”，丢弃掉那些多余的负担，放下任何“不值得”背负的东西，比如你犯过的错误、你说过的错话、那些让你愤恨的人……

要知道，天使之所以能够在高空中飞翔，是因为她有双轻盈的翅膀，而若给她的翅膀系上了多余的包袱，她就可能再也飞不远了。我们也应该如此，只有及时清理背包里面沉重的负担，才能在红尘之中素心若莲。

作为一个作家、一个投资人和一个地产投资顾问，爱琳·詹姆斯在这个领域努力奋斗了十几年，密密麻麻的事宜日程塞满了她生活中的每一分钟，令她的生活忙碌而紧张，情绪整天紧绷着，身心疲惫。

一天，爱琳·詹姆斯意识到自己再也忍受不了这张令人发疯的日程表了，于是她决定摒弃一些东西。她着手列出一份清单，把需要从她的工作中删除的事情都排列出来，然后采取了一系列“大胆”的行动。比如，她把堆积在桌子上的没用的杂志和信件全部清除掉，取消了一大部分不必要的电话预约。她又打电话给一些朋友，取消了每周两次为了拓展人际关系的聚会。

通过这些有选择的舍弃，爱琳·詹姆斯忽然感觉自己不再那么忙碌了，还有了更多的时间陪家人，有了更多的思考时间。因为睡眠时间充足，她的心态变轻松了，工作效率得到了很大的提高，身体状况也好了很多。

后来，在自己的作品中，爱琳·詹姆斯感叹道："从来没有像今天这个时代让人类拥有如此多的东西，这些年来我们也一直被诱导着，误认为我们需要拥有这一切的东西，而事实上很多东西都是生活的累赘，我们沉溺其中只会感到心烦意乱。与其这样忍受折磨，不如舍弃。"

由此可见，疲惫时静下心来，整理一下自己的"背包"，放下那些"不值得"背负的东西，这样才能让自己轻装上阵，迈出新的步伐，也将使自己更有信心地走好以后的路，发现生活中更多美妙之处。

庸人自扰之

时下，有些人成天在喊"活得太累、太累"。何故？究其原因，与他们把简单的问题搞得复杂不无关系。"人"字的结构够简单的了，但人是最聪明又最复杂的动物，在生活中做人并非易事。

“多长几个心眼，现在社会这么乱”、“出去别那么老实，净被别人占便宜”……诸如此类的话语，是我们经常所说的。殊不知，这种复杂的思想只会令人徒增精神负担，这样的人不会活得轻松，也不会有所成就。

有这样一个故事。

有一个人觉得生活很复杂，处处充满了钩心斗角、尔虞我诈，这令他心惊胆战，时常觉得身心俱惫，于是他到山上拜佛烧香，礼佛完毕后与寺庙的方丈聊天，聊着聊着就说起了自己的烦恼。

方丈听完后捻须不语，只是微笑地看着这个人。

这个人被方丈看得有些不知所措，心想方丈这是怎么了。

过了一会儿，方丈仍然微笑而视。

这个人怔在那里，心想：“方丈是不是在心底嘲笑我呢？笑我像小丑一样。”

时间一分一秒地过去，方丈始终保持着微笑不语的样子。

这个人再也按捺不住了，张口说道：“你贵为佛家子弟，岂能这样看待别人？真是无理！”

话音刚落，方丈便哈哈大笑起来，说道：“施主，以你看来我为何发笑？能否将你刚才心中所想一五一十地告诉贫僧？”

于是，这个人便如实相告。

方丈听完后说：“我方才只是想起了以前一件有趣的事情，所以就笑了，和你并没有什么关系呀。你却妄自猜测，认为我是在笑你，是你想得太多了，你这样岂能轻松呢？只会失去他人对你的好感与信任罢了。”

此人听了，恍然大悟。

生活中，你是不是也经常像故事中的那个人一样把原本简单的事情看得太过复杂了？会因为别人的一句话、一个动作，甚至一个眼神，就联想到别人是不是在嘲笑自己、算计自己？以这种想法度人，周围的人和事便都是复杂的，你也最终会在人情世故中作茧自缚，这样一来，你的心岂能不劳累呢？

如果我们复杂地看待世界，世界就对我们复杂。换一句话说，如果我们对自己简单一点，对别人简单一点，对周围的环境简单一点，别人也就简单地对待我们，周围的环境也会简单许多，生活也会变得更轻松一些。

用简单的眼光看待一切，说得容易做起来难，因为“聪明”的人变“糊涂”不容易，但这并不是不能做到的，只要我们能够时时让心静下来。心静安然，并能持之以恒，就一定能把人生这篇大文章做得通俗易解而又意味深长。

有这样一个小故事，读后让人感觉醍醐灌顶，豁然开朗。

有一个外国商人，辛辛苦苦地忙了大半辈子，终于挣足钱过上了好日子，于是他坐船到西班牙海边的一个渔村度假，想静静地晒晒太阳，享受一下自然的美好，完全放松一下自己。

在码头上，他看见一个衣着破烂的渔夫从海里划着一艘小船靠岸，船上有好几条大鱼。外国商人对渔夫能抓到这么好的鱼表示赞叹，然后问他：“您每天花多少时间就可以抓到这么多鱼？”

渔夫回答：“一会儿工夫就抓到了，不用费多大力气。”

商人说：“为什么你不再多抓一会儿？这样你就可以抓到更多的鱼了。”

渔夫不以为然地说：“这些鱼已够维持我一家人一天的生计了，我为什么要抓那么多呢？而且我已经累了，需要回去和孩子们玩一玩，再睡个午觉。黄昏的时候到村子里找几个朋友喝点儿酒，再弹会儿吉他。”

商人听了摇了摇头，并且帮他出主意：“我给你出一个主意，你就可以挣大钱。你应该多花一些时间去抓鱼，然后攒钱买条大些的船。到时候你就可以抓更多的鱼，再买渔船，到时候你就可以拥有一支渔船队。你直接把鱼卖给工厂，这样可以挣更多的钱，然后你还可以开一家罐头厂。这样你就可以离开渔村，到城市里去做有钱人。”

渔夫问：“我要达到这些目标需要花多少年的时间呢？”

商人说：“大概 15 年到 20 年。”

“然后呢？”渔夫问。

商人说：“然后？然后你就会更加有钱，你可以挣好几个亿呢！”

渔夫问："再然后呢？"

商人说："那你就可以退休了，你可以每天睡到自然醒，然后出海抓几条鱼，捕鱼回来后和孩子们玩一玩，再睡个午觉。就像你说的，黄昏的时候到村子里找几个朋友喝点儿酒，再弹会儿吉他。"

渔夫听完，非常不解，他说："难道我现在的生活不就是这个样子吗？为什么我还要绕那么大弯子呢？更重要的是等我做完了那些事，赚到了足够的钱，也许我已经没有时间来晒太阳、听海了。"

商人最终无话可说。

商人劳累了一辈子，因为将简单的事情复杂化了，结果转了一大圈以后依然没有真正地从疲惫的怪圈中跳出来。而渔夫用简单的心态看待人生，却切切实实地享受到了商人为之一生努力追求的安然幸福的生活。

由此可见，简单不是对人生的退缩，不是清心寡欲，而是清醒中的深刻、明智中的理性，更是一种至纯至美的人生境界。这正如一位哲人所言："如果生命以一种简单的方式来经历，连上帝都会忌妒。"

简单一点才能"减担"，简单点儿，再简单点儿，不用挖空心思去依附权势，不必去贪图名利富贵，用不着留意别人看你的眼神，不去计较那些不必要的复杂，该哭就哭，想笑就笑，简简单单地活着，势必能够收获一颗若莲之素心。

拾起一些，放下一些

忙碌了一天后，夜深人静时你是否会常常感叹：生活仅仅是为了活着？在脚步匆匆的城市里生活，你是否感到了生活的疲惫？这时候，你需要让自己的心安静下来，思考自己是否做好了人生的加减法。

所谓“加法生活”，就是需要我们在人生路上不断地争取，如个人能力、夫妻情感、家庭幸福、工作经验、财富以及名誉等。而做好人生的减法则是，勇于舍弃一些东西，是去粗取精的简约和精进。

南怀瑾大师曾说过：“宇宙间的一切道理，都是一加一减，非常简单。”无论多么遥不可及的目标，无论多么复杂的攀登之路，只要你做好了人生的加减法，身心就不会疲惫不堪，内心就建立了丰盈的自信。

只是懂得用加法的人不少，而懂得用减法生活的人却不多。不少人都在拼命地追赶，不断地给自己做加法：没钱的人想有钱，有了钱以后想要更多的钱；想升职加薪，升职加薪后又想自己当老板……结果只进不出，心灵早晚有塞不进去东西的时候；只加不减，也早晚会有被彻底压垮的那一刻。

在这里，打一个很形象的比喻：人的心就像一座新房子，刚搬进去的时候，都想着要把所有的家具和装饰摆在里面，结果到最后却发现这个家摆得像胡同一样，反而没有自己舒服待着的地方，最后为所得所累。

张丽丽是一家公司的业务经理，她常感觉时间不够用，大部分的时间都用在了公司的业务上：每天仅有5个小时的睡眠时间，一年数次的出国访问；国内出差好比坐出租车一样频繁；饮食也不规律，饥一顿，饱一顿……

渐渐地，在工作的过程中，张丽丽感觉胃疼，却一直没当回事。两年后，在出差去深圳的路上，张丽丽又感觉一阵阵的胃疼。她还忍着胃痛和一个客户商议了到深圳后的行程。后来，胃实在痛得很厉害，到了深圳后，张丽丽去医院做了个胃镜检查，却被告知是胃癌晚期。

只想着用加法获取更多而不懂得给生活做减法的人，整日被太多的欲望缠身，最终会失去心灵的自由，活得劳心劳神、身心疲惫，无法享受到生活的快乐。回想一下，人生的这道加减法，你做对了吗？

关于人生的加减法，于丹老师说过一段很经典的话：“人年轻的时候，都是在用加法生活，不断地从这个世界上收集所需要的东西。但是到一定层次后，也就是一过而立之年，就必须要学着用减法生活。”

做加法的日子随心所至、随兴趣所好，至于做减法的日子是30岁前还是40岁前，则不必计较，当你力不从心、身心疲惫时，自然会想到做减法。当然，疲倦的这一天是会来的，我们最好是在身心还能承受之前做好减法。

在生活的某个时刻、某个瞬间，我们应学会用加法；在另外一个时刻、另外一个瞬间，则要果断地用减法来处理。做好人生的加减法，你会在人生的舞台上拥有一个更加充实、坦然和轻松的转身，迈向成功和成熟的可能性也就会随之增大。

你想感受到心灵的轻松吗？你希望走好人生以后的路吗？那么，你就要时常让自己的心安静下来，看看自己是不是忘记了做减法，还需要做哪些方面的减法，然后有选择、有目的地做好人生的减法。

放弃“不为”，易“有为”

两千多年前，孔子即认为君子要“有所为，有所不为”。“为”就是“做”，应该做的事必须去做，这就是“有为”；不应该做的事必不能做，就是“有所不为”。有所为，有所不为，人生不“越位”，这才算得上是“君子”。

在现实生活中，我们很多人之所以时常感到身心疲惫、举步维艰，正是因为没有抵达“有所为，有所不为”的境界，习惯像“超人”一样大包大揽身边的事情，凡事追求事必躬亲、亲力亲为。

的确，没有人是三头六臂、无所不能的，即使再优秀的人，精力和体力也是有限的。如果凡事苛求自己，让自己扮演的角色太多，非要把自己拔到那完不成的极限和遥不可及的高度，怎能不身心受折磨？

作为IBM公司的总裁、美国商场上呼风唤雨的大人物，汤玛士·华生的能力毋庸置疑，他非常热爱自己的工作，认为公司上下没有哪一部分能离得开他，因此密密麻麻的日程塞满了汤玛士·华生的每一分钟。

后来，汤玛士·华生感到生活如同失去了重心，每天都心神不宁、疲惫不堪……先是嘴上起泡，接着是出现各种上火症状，后来胃开始不舒服了，血压也持续升高，而这又加剧了他工作上的失误，他甚至在一次工作中晕倒。

到医院一检查，汤玛士·华生被诊断出罹患心脏病，医生要求他立即住院治疗。华生一听，如遭晴天霹雳，立刻焦躁地说：“那可不行！我们公司可不是一家小公司啊，我又是公司的总裁，每天承担着巨大的工作量，有忙不完的工作等着我，我现在怎么能安心住院呢！”

医生无奈地看着华生，没有再进行劝说，只是邀请华生一起出去走走。一直走到郊外的墓地时，医生指着一座坟墓轻轻地说：“你和我总有一天要永远躺在这儿，是不是？那时候，因为你的离开，公司就不照常运作了吗？公司就会关门大吉了吗？”

听完这番话后，华生站在那儿沉默不语，思索良久：“是啊，我每天忙忙碌碌，将公司的大小事情都包揽下来，这就是我觉得越来越累的原因吧！如果我离开了，我的工作会有人接手来做，而公司依然可以照常运转。”

依照医生的指示，华生向IBM的董事会递上辞呈，安心地住院接受治疗。结果，IBM并没因此而一蹶不振，至今依然是蜚声国际的大公司，而华生本人也获得了心灵上的平和与安宁，生活渐趋平缓。

就像华生所感慨的那样，没有谁是无所不能的。如果把所有的事情都包揽下来，追求“事事通”，结果往往只能是“事事空”，因为扮演的角色越多，身心越容易疲惫而沉重，也就忘记了自己最初努力的目标。

认识并接受了这样一个事实后，我们在深感身心疲惫之时，就要静下心来反思一下自己的人生是否“越位”了，并且考虑在自身能力的基础上，适当地剔除一些“不为”，在有所作为的同时也要有所不为。

这并非不思进取、消极遁世、慵懒沮丧、驻足不前，要知道剔除“不为”之后，沉淀下来的往往才是最有可能有所作为的方面，如此便可放下许多的事情，让每天的生活闲不住也累不着，拥有简单而安然的幸福，进而满怀信心地走好以后的路，让整个人生更加潇洒和美好。

我国著名文学家林语堂先生有一个书斋，他亲自取名叫“有不为斋”，更是将“君子有所为，有所不为”这句话作为自己的座右铭。而林语堂的一生的确也是“有所为而有所不为”的。

鉴于林语堂先生在文学方面的成就和高尚的人格魅力，蒋介石对其倍加推崇，想要给他一个官位。在一般人看来，这自是荣幸之至了。但出乎意料的是，林语堂却指出：有的文人可以做官，有的文人不可以做。对此，林语堂有自己的解释，自己对官场上的生活是无论如何也吃不消的。一是怕无休止地开会、应酬、批阅公文，二是不能忍受政治圈里小政客的那副尊容。

对此，林语堂曾说：“写作的时候，也是我最快活的时候。”为了“最喜欢做的事”，他断然一生“不为”于做官，“有所为”于写作，最终成为海内外知名度最高的文学家之一，对我国当代文坛起到了不可估量的作用。

林语堂先生一生“不为”于做官，“有所为”于写作，最终获得了心灵上的平和与安宁，文学事业蒸蒸日上。他的事例告诉我们，“有所不为”比“有所为”更重要，从某种程度上来说也更难做到。

英国作家弥尔顿说：“心灵是一个特别的地方，在那里可以把天堂变成地狱，也可以把地狱变成天堂。”不让那些“不能”的繁乱干扰我们本该简单的成事方式，我们就一定能全方位地欣赏这个美丽的世界。

疲惫时静下心来，承认自己能力有限，放开“满把抓”的拳头，这是历尽跌宕起伏后对世俗的一种坦然，是运筹帷幄、充满自信的一种流露，如此为人的洒脱与气魄便体现得淋漓尽致，很多事便自然水到渠成。

浮生偷得半日闲

大哲学家亚里士多德曾说过：“放松与娱乐，被认为是生活中不可缺少的要素。”遗憾的是，很多人一再强调自己有多忙碌，忽略了放松与娱乐，结果让自己身心疲惫甚至心烦意乱，更别提走好以后的路了。

有一位商人，邀请朋友到家中做客。整整一个晚上，他都在对朋友倾诉他的烦恼和买卖上的激烈竞争。他谈到自己在孟买和土耳其的财产，谈到他所拥有的土地以及他的咖啡，还取出从印度买回的珠宝让朋友欣赏。

“我明天又要出门做生意了，等这次生意做完，我可要好好休息一下。做生意做了这么多年，我早就感觉累了，想好好休息了，这是我目前最想做的事，但是现在我需要把中国的麝香运到波斯去，听说波斯贵族非常喜欢中国的麝香。然后我再把波斯的地毯运到罗马，再从罗马购买一些雕塑，用船运到印度，再从印度买大批香烛运回波斯，等这些生意做完我就可以休息了。”商人虽面带倦色，可仍滔滔不绝地向朋友谈论他的计划。

朋友笑着问:“你刚才所说的生意，要用多长时间才能做完呢?”

商人说:“最快也得一两年吧!”

朋友叹了一口气，说道:“那你最想做的事——休息，又要等两三年了。现在你都已经觉得很累了，到时候你岂不是已经累垮了?为什么不现在先休息一段时间，然后再出门做生意呢?”

当工作感到很疲倦时，休息才是最重要的事。一个不会适时休息的人，只是一台工作机器，连上帝也不欣赏。所以，为什么不在疲惫的时候静下心来，忙里偷闲一下，帮助自己调整身心，享受生活的乐趣呢?

在自然界中，万物在春夏生长，呈现出一派生机勃发的景象;

秋冬，万物沉寂，处于休眠状态。人本身也属于自然界的一部分，所以理应懂得休养生息。浮浮人生一路忙，“偷闲”是一种静心的放松状态，是一种符合自然规律的调适方式。

唐代诗李涉在《题鹤林寺壁》中提道：“终日错错碎梦间，忽闻春尽强登山。因过竹院逢僧话，偷得浮生半日闲。”言语中透着一股子对“忙里偷闲”的羡慕，言外之意是说不要让忙碌的生活羁绊住自己，我们要学会忙里偷闲，松弛一下疲惫的身心。

诚然，忙碌是避免不了的，然而我们可以改变对待生活的态度。其实，所谓的忙里偷闲并不是偷懒、投机取巧，而是说要善于调剂时间，即忙碌时做好闲暇的心理准备，偷闲时又能善用其“闲”，如此便能够调节好身心的平衡，游刃有余地做好自己的事情，如此才能成为生活的主宰者。

美国加州的一处度假村里正在举办第三届电信行业高峰会议，几乎电信业的所有精英都聚集在了这里。每到会议休息时间，一些公司的老总便回到自己的房间，不是和助手商议方案，就是研究其他公司的资料，忙得团团转。

然而，唯独环球电信公司的老总亨得利不一样，休息期间他会独自一人沿着度假村的忘忧湖散步，或是到花园中欣赏奇花异草。这让其他的老总以为亨得利不重视这次峰会，或是贪恋山水美景而忘了自己公司发展的大事。

然而，令所有人惊奇的是，每次会议上亨得利却始终保持着精神爽朗的工作状态，轮到他发言时，他思路敏捷、精力旺盛、侃侃而谈，一直是整个峰会的焦点人物。当然，他也为公司争取到了最大利益。

会议结束时，有位老总非常好奇地问亨得利：“平时总见你漫不经心、游手好闲，似乎很不重视这次峰会，可一到会议上，你就精神百倍、咄咄逼人，你是不是吃了什么灵丹妙药？”

亨得利哈哈大笑，回答道：“是的，我的确是吃了灵丹妙药，但我吃的灵丹妙药就是忙里偷闲，在会议休息期间去散步、赏花。在这段时间里，我的大脑得到了很好的休息，因此这次会议我是越开越精神呀！”

亨得利之所以能够成为整个峰会的焦点人物，究其原因就在于他很善于忙里偷闲，工作时认真工作，休闲时尽情放松，进而赢得了放松与和谐的身心，成为生活的主宰者，精神百倍、自信满满。

古人云：“一张一弛，乃文武之道。”忙碌与休闲都是生存之道。生活中总有做不完的事、爬不完的坡，在疲惫之时静下心来，善于忙里偷闲，让身心得到彻底的休息，从中享受到生活的乐趣，这才是理智的人。

我们要懂得享受生活，学会忙里偷闲，那么如何做到忙里偷闲呢？我们不妨来看看美国著名心理咨询专家理查德·卡尔森在他的《让事情更简单》一书中的建议——每天度个“迷你假”，他这样写道：“在上班时给自己一个短暂休憩的机会，不论你在这个‘迷你假期’做些什么，都会对你大有益处的。那是你的特殊时间，如果可能的话，请让它变成生活中不可或缺的一种习惯。你或许想找朋友喝杯咖啡、吃顿午餐、清晨一起去散步，或一个人上网、跑步、看日出、遛狗、静坐冥想等，只要做任何能使你放松的事情即可。‘迷你假期’不仅能帮你减压，还是调整身心的重要枢纽。”

从选定方向开始

每个高尔夫球手都想尽力把球打得更远，这项运动要求几个动作同时进行，在此过程中各种错误都有可能发生。众多的高尔夫球教练总是教导说，把球打直要比打远更重要，方向比距离更重要。

人生就像打高尔夫球，选择了错误的方向，我们只是做了不该做的事情，去了不该去的地方，加快速度也只会是错上加错，最终令我们身心俱疲、碌碌无为。正如荷马史诗《奥德赛》中的一句至理名言：“没有比漫无目的的徘徊更令人无法忍受的了。”

方向比速度更重要。在人生的道路上，勤勉和努力固不可少，但首先要让自己的心静下来，选择一个正确的方向，如果方向是正确的，那么即使走得慢也能做出成效，如此就会有信心走好以后的路。

有这样一个故事，是关于西撒哈拉沙漠中旅游胜地比赛尔的。

比赛尔在西撒哈拉沙漠中是一个只能进、不能出的荒漠之地。据说，很久以前，比赛尔人很想离开这个贫瘠的地方，可是最后的足迹十有八九是一把卷尺的形状，最终人们因身心透支而死亡，世世代代没有一个人可以走出去。

直到1926年，一位叫肯·莱文的西方探险家为了弄明白比赛尔人为何走不出去大漠，便来到了这里。他发现比赛尔处在浩瀚的沙漠中间，方圆有上千里，一个人如果凭着感觉往前走，的确只会陷入团团转的困境。

于是，肯·莱文想到必须找到一个可以参照的东西，才有可能分辨出方向。他选择了北斗星，白天休息，夜晚朝着北斗星的方向前行，在北斗星的指引下，他仅仅用了3天半的时间就成功地走出了大漠。

从那以后，成千上万的旅游者开始来参观比赛尔，给当地的人们送来了物质财富和知识财富。肯·莱文也被称为比赛尔的开拓者，他的铜像被竖在小城的中央，铜像的底座上刻着一行字：新生活是从选定方向开始的。

尽管比赛尔人有好的体力、充足的食物，可因为不懂得辨认前进的方向，最终只能是徒劳而返；而肯·莱文选择了以北斗星为参照，朝着北斗星的方向前行，结果轻松地走出了大漠。

因此，在人生道路上，我们一定不能一味地像老黄牛一样埋头拼命拉车，而要在“百忙”之中经常抬头看看方向，随时反省和思索最根本的方向性问题，把自己的人生路径逐渐导向一个正确的方向。

鉴于此，当你整日为了销量而忙忙碌碌，为了市场而四处奔波，为了业绩而疲于奔命，结果却销量下滑、市场疲软、业绩无增的时候，你是不是应该静下心来，认真想一想自己的工作方向是否正确？比如，目前做的是否是对销量增长无益的事情？开发的是否是早已被公司舍弃的市场？

关于这一点，“康师傅”之父魏应行的成功给了我们很大的启示。

1988 年，顶新集团的魏应行满怀热情、信心百倍地来大陆创业，先后推出“清香食用油”“康莱蛋酥卷”和另外一种蓖麻油产品，并大张旗鼓地做电视广告，但由于当时大多数人的消费水平尚处于温饱阶段，所以这些高级产品不叫座，陷入滞销的状态。

1991 年，魏应行带来的 1.5 亿元新台币血本无归，当初那个踌躇满志的年轻人此时也变得迷茫、心灰意冷。当时他经常在外出差，在途中他经常思考着一个问题：下一步该怎么走？每逢出差，魏应行就将从台湾带来的方便面带在身上，途中到用餐的时间就泡一碗方便面充饥。

渐渐地，魏应行发现一同搭车的人们对他的方便面十分好奇，经常有人围观甚至询问何处可以买到这种方便面。因为那时候在中国内地，方便面都是煮来吃的，不能泡着吃，而且还要放些配菜才可口，而魏应行这碗热气腾腾、香味扑鼻的方便面，既有盛面的碗又有吃面的工具，非常方便。

为什么不在这种方便面上挖掘商机呢？这个想法让几经失利而山穷水尽的魏应行异常兴奋。发现了翻身的机会后，魏应行冷静地分析了内地的方便面销售市场：内地生产的方便面很便宜，但是质量很差，多为散装；国外进口的方便面质量好，但是五六块钱一碗，相对于当时大多数人的消费水平来说太贵了。面对这样的市场情况，魏应行吸取了以往方向错误的教训，意识到只有做适合内地居民消费水平的产品才会有市场，于是决定生产一种物美价廉的方便面，把售价定在 1.98 元人民币。

魏应行重新振作，毅然投身于方便面这个新领域。方便面生产线投产后，魏应行又开始考虑方便面的营销问题。经过深思熟虑之后，他给方便面起了一个响亮的名字——“康师傅”。之所以取这个名字，一是因为“康”字有健康的意思，取这个名字比较向上、积极；二是因为“师傅”是中国北方一个很普遍的尊称，既亲切又能给人留下好印象。

1992 年 8 月 21 日，第一碗“康师傅”红烧牛肉面诞生，1.98 元一包的超值价格符合国人的消费水平，加上胖厨师的亲切形象，

“康师傅”几乎一问世就被大陆人们接受和喜爱，并掀起一阵抢购狂潮，成为方便面的品牌代名词。

魏应行开发“清香食用油”“康莱蛋酥卷”等产品时不可谓不努力，但是却超出了当时大陆大多数消费者的消费水平，犯了方向性的错误，所以两款产品都不叫座。静心思考一番后，他开始致力于物美价廉的方便面，方向对了，“康师傅”品牌的成功也就自在情理之中了。

不管在什么时候，方向都比速度更重要。只有方向正确了，才能避免走弯路，才能做正确的事，才能避免苦苦追求、满脸疲惫地瞎忙，才能最终实现自己心中的梦想。

发现内心的财富

每天，大多数人都在重复着千篇一律的工作，如此单调而机械的生活，你是否经常会有疲惫的感觉呢？是否感觉工作的时候经常打不起精神？工作业绩也随之日渐下降？如此下去，又怎会有信心走好以后的路呢？

刘凯今年35岁，在一家电器公司做小职员。凭他的学历、资历、经验，他完全可以胜任公司管理层的职务，但领导却始终没有委以重任。这是怎么回事呢？原因是他从来没有在一家公司工作超过两年，一直在不停地跳槽。

对于频繁跳槽的原因，刘凯解释道："每次找到新工作以后，刚开始时我总是充满激情，但是3个月之后就会觉得疲惫，以后的日子完全就是抱着当一天和尚撞一天钟的想法，感觉一点儿意思也没有，只好寻找下一份工作。"

在这个例子中，刘凯因为不能摆脱对工作的厌倦心理，所以总是觉得工作没有意思，并且不停地跳槽，以致不能升迁、信心受挫。可想而知，他的未来不会有多如意，身心将一直被疲倦所折磨。

处于这种逆境中，难道就一直这样消沉下去吗？如何摆脱这种心理疲倦的困扰呢？唯一的办法就是让自己静下心来，唤起工作的热情。激情是一种强劲的激动情绪，一种对人、事、物和信仰的强烈情感。

有句话说："一个优秀的员工，最重要的素质不是能力，而是对工作的热情。"的确，一个充满工作热情的人，会保持高度的自觉，把全身的每一个细胞都调动起来，驱使自己达到内心渴望达成的目标，如此自然就能克服心理疲倦，尽自己最大的能力做好手头上的工作，使未来充满无限可能。

刚转入职业棒球界不久，弗兰克·贝特格就遭到了有生以来最大的打击——他被开除了。老板给他的理由是："你的动作无力、无精打采，看起来疲惫不堪，哪像是一名职业棒球工作人员？我认为你不适合在我们这里工作。"

这是令人沮丧的事情，弗兰克静下心来思考了自己的问题所在，进入纽黑文队时他下定决心要成为最有激情的球员，并且他成功地做到了。一上场，他就像充足了电的勇士一般在球场上奔来跑去，快速而强力地击出高球，他的激情不仅感染了整支球队，还会引爆全场的观众。出色的表现让教练赞赏不已，很快弗兰克的月薪就从 25 美元涨到 185 美元，他还被评选为英格兰最具热情的球员。

从球队退役后，弗兰克转行去做保险推销工作。最初的 10 个月内他的工作非常糟糕，客户总是在他没有把话说完的时候就把他赶走，弗兰克对这份工作失望极了，觉得每一天对他来说都是煎熬，考虑换一份工作。后来，他的老师卡耐基先生一语惊人："弗兰克，你推销时的言语一点儿生气都没有，如果换成是我，我也不会买你的保险。"

这是一个重要的忠告，弗兰克明白自己为何业绩不好、身心俱疲了，于是决定用自己打球时的激情来好好推销保险。

一天，弗兰克走进一家公司，鼓起全部的勇气和热情向负责人推销保险。最终，那位负责人接受了弗兰克的建议，买了一份人寿保险。也就是从那天开始，弗兰克成了一个真正的推销员。

后来，弗兰克提及自己推销保险的成功经验时说："在十几年的推销生涯中，我看到许多有激情的推销员的收入成倍地增加，也看到很多人因为没有工作的激情而疲惫不堪、一事无成，而我自己差点儿就成了他们中的一员。"

弗兰克·贝特格在事业上有所成就，与其说是取决于他的才能，不如说是取决于他的激情。当你对一份工作产生厌倦心理时，不要盲目地混日子，更不要着急跳槽，不妨像弗兰克那样激发自己体内的激情。

激情是人人都具有的，它深埋在每个人的心灵之中，是人自身潜在的财富，等待着被开发与利用。只要你静下心来调整好心态，积极地看待自己的工作，那么你的精神面貌将大不一样。

第四章

静心克躁，繁华苍凉皆安然

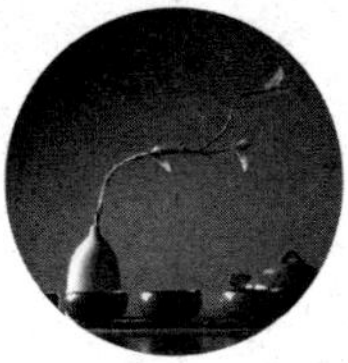

身不惊，才有闲看的雅致；心无意，才有漫随的风情。

纵使世界喧嚣吵嚷，也能守住一份安静恬然。

得失沉浮皆是人生美好的景色，世俗百态皆不能扰乱心间的宁静祥和。

如果我们能怀有这样一番情怀，那么我们的心就能获得真正的安宁。

沉下来，与纯净平和相遇

做学问的人不愿沉下心搞研究，盼着买张彩票，撞上天上掉馅饼的美事；当作家的人不甘心孤独地埋头写作，希望一夜之间成为名人；一些女人盼着嫁个有钱人，少走些弯路，得到现成的好生活。

这一切的背后是什么？浮躁。在这个瞬息万变的红尘世界中，不少人受到外界耳濡目染的冲击，心安静不下来，不能正确地定位自己，因而出现浮躁情绪，大体表现为不切实际、眼高手低、好高骛远、急于求成等。

一位哲人曾经说过，干什么事都是耐不住性子、俯不下身子、坐不热凳子，浮躁是死神折磨人生命的伎俩，结果只能是失去自我、本我和真我，迷失人生的方向，在无尽的忙乱中消耗宝贵的生命。

马剑是一位名副其实的高才生，他在某知名大学主修了市场营销课程，又兼修了工程管理课程，可谓是才华出众的“双料学士”。他毕业后，几乎周围所有人都看好他的未来，但事实并非如此。这是怎么一回事呢？原来马剑毕业后走遍了市区的各个招聘会，想找一个中层管理者的职位，但是他又没有工作经验，结果过了一个星期都没有找到合适的工作，看到以前那些不如自己的同学都顺利上班了，他心里不免着急起来。

为了摆脱这种尴尬的局面，马剑不得已先找了一份简单的工作：在一家物流公司担任产品采购。可是，他总认为自己一个堂堂的本科生做这个工作很屈才，于是在工作中总是抱怨这、抱怨那，工作不到一个月后就跳槽到一家私企中。在这家私企中，马剑如愿地坐到了市场营销经理的位置，但他还是无法踏踏实实地工作，觉得这里的发展空间太小，于是又跳槽了。就这样，浑浑噩噩地过了一年，马剑依旧没有找到一份合适的工作。

浮躁的表现形式不同，但其带来的后果却是一致的，即一个人一旦被浮躁控制，不管他的能力有多强，他都很难耐住性子地想问题，不能脚踏实地地做事，容易失去对自我的准确定位，东一榔头西一棒槌，势必难以实现能力的积累，为他人所信服。

俗话说："成以敬业，毁于浮躁。"成功往往不会一蹴而就，而是需要一连串的奋斗。因此，如果你想获得一定的人生成就，想实现人生的价值，就必须克服浮躁的心态，不被繁杂的表象迷惑，不为虚荣的假象蒙蔽。

如何克服浮躁的心态呢？静心。浮躁是心气。心不稳、气不沉，受到外界耳濡目染的冲击时，内心的"功力"不济、"底气"

不足，心就会被外界所影响，漂浮不定、躁动不安，即出现浮躁心理。

身处喧嚣的红尘中，我们要经常静心。让自己的心静下来，使心态保持在明澈淡然的境界，真正沉下心来、俯下身子，扎扎实实地做好手头的每一件事情，也就能够做到对工作、生活的绝对掌控，真正享受人生。

“非淡泊无以明志，非宁静无以致远。”我们若能够静下心来，告别情绪上的浮躁，就会回归平静而真实的内心，就可以不为外界纷争所扰，客观审视自己，确定人生的罗盘，树立起正确的生活态度。

让浮躁的空气远离我们，返回我们最初的纯真与本性，做一回心淡恬静的“素心人”，走向自由和纯净，走向成熟与平和，从容不迫地看待这个瞬息万变的红尘世界，心平气和地迎接每一轮太阳的升起吧！

平常心，禅意的生活态度

在这个个性张扬、浮躁忙乱、追逐物质和感官享受的红尘世界中，不少人的心被撩拨得蠢蠢欲动，不是为追求名利、患得患失所劳役，就是被尔虞我诈、钩心斗角所左右，随之而来的必然是痛苦和烦恼。

如何守住心灵的一方净土，使自己的日子过得顺心而滋润呢？我们不妨静下心来，保持一颗平常心。所谓平常心，即对待周围的环境要做到“不以物喜，不以己悲”，更要对周围的人与事做到“宠辱不惊，去留无意”，气定心宁，闲庭信步。

药山禅师是一个很了不起的智者，他有两个徒弟，一个是云岩，另一个是道悟。

有一天，药山禅师带着云岩和道悟出远门，行经某处时，他见一棵树长得很茂盛，而另一棵树却只剩下枯黄的枝叶，便想借机示教，于是指着两棵树问道：“在你们眼中，哪棵树生长得更好？”

“当然是茂盛的那棵树好了，”云岩抢先作答，“荣代表着欣欣向荣，是生命的象征。”

“枯的好，”道悟争辩道，“枯，万物归天，一切皆空。”

药山禅师听后却笑而不语，这时候旁边走来一个小沙弥，于是药山禅师又向小沙弥问道：“这棵树是荣的好，还是枯的好？”

只见小沙弥淡然一笑，回答道：“荣的任它荣，枯的任它枯。”

小沙弥的这番回答，使他心底的那份从容、淡定、宁静显露无疑。无论外界怎样喧嚣变幻，自己的内心都风平浪静、波澜不惊，这是一种多么绝佳的禅意姿态，也是心静中的最高境界。

平常心不是懦夫的自暴自弃，也不是无奈的消极逃避，更不是对世事的无所追求，而是对人生智慧的提炼、生命境界的觉悟，它能让我们的内心变成一片浩渺的水域，帮助我们成为精神的富翁、自由的主人。

能够守着一颗平常心的人，无论他的生活条件如何，无论他是做什么工作的，他都能够在平凡或者不平凡的生活、工作中营造出一份平静和谐，在平淡中享受生活的真谛，找寻到生命中最真实的姿态。

弘一法师，俗名李叔同，清光绪年间生于富贵之家，是一位才华横溢的艺术家，是名扬四海的风流才子，集诗词、书画、篆刻、音乐、戏剧、文学等于一身，在多个领域开创了中华灿烂文化之先河，用他的弟子、著名漫画家丰子恺的话说："文艺的园地，差不多都被他走遍了……"

但是，正当李叔同盛名如日中天、正享荣华富贵之时，他却彻底抛却了一切世俗享受，到虎跑寺削发为僧了，自取法号弘一，落尽繁华，归于岑寂。出家24年，他的被子、衣物等一直是出家前置办的，补了又补，一把洋伞则用了30多年。所居寮房，除了一桌、一橱、一床，别无他物；他吃斋甚严，每日早午两餐，过午不食，饭菜极其简单。

弘一法师以教印心、以律严身，内外清净，写出了《四分律戒相表记》《南山律在家备览略篇》等重要著作。他在宗教界声誉日隆，一步一个脚印地步入高僧之林，成为誉满天下的大师、中国南山律宗第十一代祖师。正因为如此，对于李叔同的剃度出家，丰子恺在《我的老师李叔同》一文中所说："李先生放弃教育与艺术而修佛法，好比出于幽谷、迁于乔木，不是可惜的，正是可庆的。"

前半生享尽了荣华富贵，后半生却剃度为僧。这种变化，常人看来会觉得不可思议，甚至在心理上难以承受，而弘一法师却以平常心淡定自然地完成了转化，淡然地享受着"绚烂之极归于平淡"的生活，并获得了人生的极致绚烂。

弘一法师的举动是何其平常而又不寻常啊！当李叔同大师的盛名如日中天、坐拥荣华富贵之时，他却削发为僧，落尽繁华，归于岑寂，并且做得认认真真、平心静气。没有一颗对待人生的平常心，能达到这种境界吗？

总之，保持一颗平常心，就能慎物结缘、自甘平淡。面对外界的各种变化，才能够做到不惊不惧、不愠不怒、不暴不躁。面对物质的引诱，心不动、手不痒，于利不趋、于色不近、于失不馁、于得不骄。

有人说"现在人们最短缺的不是物质，而是一颗平常心"，我们暂且不判断这句话的正确与错误，但如果拥有一颗平常心，面对外界的各种变化能做到不惊不惧、不愠不怒、不暴不躁，你的内心就抵达了禅意的境界。

最美的礼物是“此刻”

不得不承认，当今很多人的内心是喧嚣的，充满了孤独感、压抑感和焦灼感。但这不是因为他们拥有的太少，而是因为他们深陷于流转不停的心念，不是在痴情于过去就是在规划未来，唯独没有认真专注地感受此时此刻的生活。

著名作家斯宾塞·约翰逊写过一本名为《礼物》的书。

有一个孩子问一位充满智慧的老人：“世界上有最珍贵的礼物吗？”老人回答道：“有！世界上最珍贵的礼物可以让人生获得更多的快乐和成功，可这份礼物只有依靠自己的力量才能找到。”

于是，这个孩子从童年到青年，走遍了千山万水，用尽所有的办法四处找寻这份最珍贵的礼物，可是他越拼命寻找，越感到生活过得不快乐，而他生命中那份最珍贵的礼物自始至终都没有出现过。

到后来，气急败坏、心生绝望的年轻人决定放弃，不再没有目的地追寻世界上最珍贵的礼物了，而此时他赫然发现，苦苦寻找的东西原来一直在自己的身边，这份人生最好的礼物就是——

“此刻”。

“逝者不可追，来者犹可待。”总是沉湎于失去的过去或者将眼光放在可能很美好的未来上，而忽视当前所拥有的此刻，如此我们的心便是浮躁的，很难获得平和与喜悦的感受，更难以触摸到生命的脉动。

天地万物，自然轮回。每一个瞬间都将是不可逆转的永恒，所有的一切是在当下发生的，过去和未来只是一个无意义的时间概念。活在现在这一刻，让自己的心沉淀下来，静静地体会此时此刻，才能获得平和与喜悦。

现在静下心来审视一下自己，看看自己是否切实地活在“当下”。上班时，是否挂念着家里的宠物狗有没有吃饭，晚餐的鲈鱼是清蒸还是红烧；晚上躺在床上时，是否因为白天谈判的破裂或实验的失误而辗转反侧……

你可以用一个简单的标准来衡量一下自己是否活在当下，问问自己：“我正在做的事情是否让我感觉喜悦、安逸和轻松呢？”如果不是，那就表示你当下的时刻被时间遮盖了，生命正处于负累或挣扎状态。

“何必眉不开，烦恼无尽时；一切命安排，当下最悠哉。”这段话说得真是太对了。把注意力聚焦在你的现在，对现在心存一份美好的感恩，生命的喜悦便会自然浮现，心如同莲花般安然而又超脱。

卢卡今年已经50多岁了，可是最近他身心备受打击，倒霉的事情接踵而至，妻子刚去世不久，女儿又因难产身亡。一连串的打击让他的心都碎了，他不知道今后的路自己能否坚持走下去，整日郁郁寡欢。

一段时间后，为了生存下去，卢卡打算重新到外面找一份工作，但是他不停地担心别人嫌他老、担心别人嫌他动作迟缓、担心自己无法承受别人要求的工作强度……这一系列的担心更让他怀念过去，他怀念妻子在世的岁月，由怀念而生悲痛，又重新陷入丧女的阴影中不能自拔，结果他病倒了。

了解到卢卡的病情和生活情况后，主治医生对他说："你的病情太严重了，需要长期住院治疗，但是你又没钱。我看这样吧，从现在开始，你可以在本院做零工，每天打扫病人的房间，以赚取你的医疗费用。"

卢卡心想：反正没有比这更好的活法了，而且就目前的情况来看，自己似乎根本别无选择。于是，卢卡开始手握扫帚，每天都想着如何做好当天的事情。慢慢地，他不再担心什么，内心也恢复了平静，寂寞、担忧被驱除了，身体也好了起来。由于经常接触病人，卢卡对病人的心理了如指掌，后来他被院方聘为病人陪护。贫穷也开始向他挥手告别，他觉得自己新的人生要开始了。

如今的卢卡已经成了该医院的心理咨询师，他办公室的墙上有这么一句话："过去已经过去，明天尚未到来。只要肯用行动充实生命中的每一个‘今天’，勇敢向前，机会就在柳暗花明间。”

时间是由无数个“当下”串联在一起的，每一个瞬间、每一个当下都将是永恒。所以，认真地去做当下的每一件事，充分地享受每一个真实的刹那，才能获得内心的平静和充实，真切体会到生命的喜悦，抵达和成就未来。

这就像林清玄在《天心月圆》中提到的一句话：“昨天的我是今天的我的前世，明天的我就是今天的我的来生。我们已经来不及参加前世了，让它去吧！我们希望有什么样的来生，就先把握今天吧！”

在繁华喧嚣的红尘世界中，你想获得平和与喜悦吗？现在就进入当下的时刻吧。无论身在如何喧嚣的场合，把注意力集中起来，留意此时此刻的每一件事物，去享受当下的那份宁静、那份平安。

老二哲学

众所周知，“第一”意味着鲜花和掌声，意味着荣誉和尊严。于是，身在喧嚣中的红尘之人往往被这些浮华扰乱了心性，把“第一”当成最大的荣耀，惯于为“第一”而奋斗，并为此不断地追赶、奋力地奔跑，不甘落后、不甘平庸。

殊不知，处处争第一，太要强、太功利地竞争，只会让自己的心跟着浮躁起来，显得草率而轻狂。而屡争不得，第一的诱惑总在眼前，身心皆被驱使着，生命可能就会变成劳役，感觉疲惫不堪。

大学同学聚会上，唯独邱楠没有来参加，原来邱楠的女儿高考落榜了，而她本人也因为突发性高血压住进了医院。此时的邱楠十分沮丧地躺在病床上，静静地望着天花板，反省自己的过去。

在学校的时候，邱楠处处要争第一。为了争得班上唯一的班长位置，小小年纪的她居然使出浑身解数，四处笼络班里的同学，劝说他们投自己的票，结果还是落选了。为此，她大病了一场。她曾发誓自己要嫁给的男人一定要是所有女伴男友中最优秀的一个，结果如愿以偿，她好不得意。做了母亲之后，她立志要培养出一个处处都是第一的女儿。为了达成目标，她给女儿报了学习辅导班、美术班、舞蹈班等。结果，高考时一向成绩优异的女儿居然落榜了。她后悔了，后悔自己当初为何要处处争第一呢？

人生不是竞技，不必与众人争先恐后、日夜兼程，把“撞线”当成最大的光荣。让狂热的自己静下心来，不被那些浮华扰乱了心性，做不了第一，就做快乐的第二。大度一点、坦然一点，你的心将是一片浩渺的水域，谁能说不是美丽的风景呢？

昙花一现的艺人有很多，而像刘德华这样持续走红20多年的艺人极其罕见。对于自己的成功，心态平和的刘德华一直推崇“老二哲学”：“我只是喜欢做第二。做第二很好，前面永远有个目标追求。”

做不了第一，就做快乐的第二。即便能做第一，也不妨学着将自己放在第二的位置上。因为高处不胜寒，而且当了第一将会尝尽众人之上的滋味，如果日后有所下落，感受的可能就是心理失衡。

更何况，人最大的敌人不是别人，而是自己。每个人都有属于自己的人生，每个人都是和自己赛跑的人，我们没有必要去和别人一比高下，而是要学会和自己争第一，勇于和自己比高下，战胜自己、超越自己。

在这一点上，著名主持人白岩松就做得很好。

白岩松从一名平面媒体记者转行做电视节目主持人已有十余年的时间，也许他从没有想到自己可以在这个领域达到如此的高度，而伴随他一路前行的信念就是凡事不必争第一，他曾这样告诉自己：“第一是不靠谱的，随时会更迭。”

“当然，”白岩松补充道，“不争第一不意味着不努力，只是不要费尽心思非要争第一。就像长跑一样，长跑最后能取得很好成绩的人，不一定一开始就是领跑的，但是必须让自己保持在这一方阵之中，最后比的是韧性和耐力。”

对一个做了很长时间电视节目的主持人来说，最重要的是能够时刻保有一个继续向前行进的动力和勇气。而十几年来，白岩松一直以长跑选手来定位自己，不因一时荣誉而不知所以，也不因遭遇一时打击或挫折而如临深渊，而是扎实、坚定地跑好每一步，时刻调整好自己的节奏，从而获得了游刃有余的人生。

在人生道路上，不必与众人争先恐后，人生就像一场龟兔赛跑的长跑，不管在赛跑的过程中谁跑得快或慢，不管你是乌龟或是兔子，只要没有到达终点谁也不知道谜底到底是什么，自然也就没有第一可言了。

让心安静一点儿吧，别被那些嘈杂扰乱了心性，回头看看从前的自己：你的成绩比从前进步了吗？你的工作比过去更称心吗？你的生活比从前更美好吗？你的身体比过去更健康吗？你的家庭关系比从前更和谐吗？

不为外界的人和事所驱使，把注意力集中在自己身上，执著于自己的目标，也不去为暂时的落后自寻烦恼和制造失意，不仅让身体得到休息，更是让心灵得以卸载。你要承认，这是一种美好，而且值得追求。

瘦身心灵硬盘

置身于纷杂喧嚣、充满诱惑的现代生活中，我们会遭遇困境、忌妒、争夺等各种各样的情形，由此也就产生了痛苦、焦虑、抱怨、怀疑等“附属品”。它们像垃圾一样，被丢到每一个人心灵深处的某个角落。

夜深人静，当我们审视自己内心的时候，不得不承认，这些“附属品”总会萦绕在我们脑海之中，腐蚀着心灵，让我们产生一种说不出的抑郁与困扰，让我们如牛反刍、无法自拔。

在某一家外企就职多年的魏先生最近工作不顺利，在和客户进行谈判时由于手头信息掌握得不够，被竞争对手占了上风，结果受到了主管的严厉批评，他感到主管丝毫没有给自己面子，为此满腹的委屈和气愤。

这段时间以来，魏先生怎么也开心不起来，看什么都觉得烦，又碍于面子而不愿意和别人诉说内心的苦闷。于是，他在家不是抱怨妻子没有处理好家务事，就是指责儿子不好好学习，弄得全家人很不高兴，而魏先生自己的内心更是备受折磨，整晚整晚地睡不好觉，整天唉声叹气、愁眉不展。

你有过与魏先生类似的经历吗？如何摆脱这种困扰呢？答案是及时清扫你的心灵。在这里运用一个形象的比喻，在自己的心灵里建立一个“回收站”，并且时常静下心来及时清空那些消极的情绪，还自己一颗纯净澄澈的心灵。

众所周知，电脑系统中专门配置了“回收站”，用来收集那些已删除的垃圾文件。回收站要及时清空，才能给原本空间就不富裕的硬盘做一次“瘦身”运动，才能腾出更多的有效空间存储新的、更为有用的信息。

然而，我们心灵的回收站里装载了太多的“垃圾信息”，同样需要经常清空。比如，难过的时候，找个地方淋漓畅快地大哭一场，给不愉快的往事做一次祭奠；气愤的时候，找个没人的地方，把水泥墙当成出气筒踢上两脚、打上两拳；痛苦的时候，狂奔猛跑、振臂高呼，直至耗尽全身力气……

及时清空心灵的“回收站”，清空伤害带来的阴影，扫除恐惧和烦恼的纠缠，不为名利是非所累，不为鸡毛蒜皮所困，我们的身心必将获得极致的轻松和自在。

由于在一家大型的对外贸易公司做高级谈判人员，薇薇不得不整日应对各种各样的唇枪舌剑，运用智谋与人斗智斗勇。但令人称奇的是，即使和别人大吵一架，第二天薇薇依然能够笑容满面地来上班。

“薇薇，难道你没有受到影响吗？”别人总是这么问，薇薇则微笑着回答：“昨天已经过去了，干嘛今天还要记得呀。”

是薇薇真的健忘吗？不是！她不过是懂得及时清空心灵的“回收站”罢了。

无论是因工作中或家庭里的烦心事及压力而感到太疲惫、太压抑、太困惑时，薇薇都会用自己的方式调整自己。比如，静下心来写一写日记，把自己的情绪发泄到纸张上；或者组织几个姐妹去KTV唱歌，在放声高歌中宣泄自己的情绪。

这种及时清空心灵“回收站”的方式，不但帮助薇薇摆脱了各种不良的情绪，使其内心拥有了平静如水的力量，而且还陶冶了她的性情，令她发现生活的新天地，工作的灵感一次次迸发，多次得到了老板的表扬。

跳出匆忙喧闹的生活圈子，找个地方安静地坐着或躺着，让心情变得放松，让心灵退入自己的灵魂中，静下心来聆听自己内心最真实的声音。问问自己：我满意现在的生活吗？我为什么感到烦恼？我得到了什么，失去了什么……

痛苦、焦虑、抱怨、怀疑等消极情绪像垃圾一样污染着、困扰着我们心灵的净土。若想还自己一颗纯净澄澈的心灵，我们需要时常静下心来找出困扰内心的因素，然后彻底将它们清除掉。这就好比你将无用的文件存到回收站再按下“删除键”，就能够将它们彻底清除掉一样。如此，你会以轻松的心情拥抱生活，发现心灵的天空是那样的风清云淡。

寂寞中开出的花朵

寂寞从来就是人们谈论的话题，因为太多的人品尝过它的滋味，所以古往今来，有多少文人墨客发过牢骚，斥责寂寞对他们的骚扰，又有多少人不甘寂寞的折磨而书写人生的败笔。

人们为何不甘寂寞呢？答案是他们心无定力。拒绝繁华喧闹的诱惑，接受寂寞的洗礼，需要造诣很高的定力。这就像极爱吸食鸦片的人，突然叫他戒毒，这需要一定的毅力，也需要恒心，没有定力能成吗？

为了摆脱红尘的喧哗浮躁，一位年轻人决定剃度为僧。剃度时，他信誓旦旦地向住持表示自己要皈依佛门，但才念了不到一个月的佛经他就受不了寺院的寂寞，还俗去了。1个月后，他一把鼻涕一把泪地要求重入佛祖门下。住持心生慈悲，就答应了。3个月后，他又嚷嚷说佛门冷清，留不住人，又一次开溜。

年轻人如此闹腾了好几次，住持很是纠结，留与不留都觉得烦恼。后来，他想出一条妙计，对年轻人说："这样好了，你不如在寺院门口开家茶馆，做一个不染红尘的还俗和尚。"年轻人听了很是高兴，便真的在寺院门口开了家茶馆，后来又娶了个老婆，开开心心地生活着。当然，他也没能领会到佛门真经。

这位年轻人总是被红尘的繁华诱惑着，不甘寺院寂寞的折磨，心如此没有定力，怎能静悟佛道的深奥。住持也实在是高明，像这种不甘寂寞、心无定力的人也只能安排他做一些平凡的事情。

在红尘喧嚣、人海沉浮之余，我们要想让心灵趋于宁静、让浮华归于沉寂，就要甘于寂寞。寂寞是对思想的考验，是对精神的历练。静中念虑澄澈，见心之真体；闲中气象从容，识心之真机。

铁树沉寂60年方开一次花，昙花积聚一个花期只为数小时的盛放。人的一生之中，真正五彩绚烂的场面是短暂的，更多时候面对的都是平凡普通的生活。但是，只有经受得住寂寞的考验，才会有成功时刻的绚烂。

下面，我们不妨来看一堂成功学家的演讲课。

这是一场座无虚席的演说，在人们热切、焦急的等待中，全国著名的推销大师上场了，这是他告别职业生涯的演说。只见他指挥着工作人员搭起了一座高大的铁架，铁架上吊着一个巨大的铁球，接下来他又让工作人员将一个大铁锤放在自己面前。

看到这怪异的一幕，人们很惊奇，不知道他要做什么。

这时，推销大师对观众说："请两位身体强壮的人到台上来，用这个大铁锤去敲打那个吊着的铁球，直到把它荡起来。"很快，有两个年轻人上了台，他们用尽全力去敲打那个铁球，累得气喘吁吁，但是铁球纹丝不动。

台下观众的呐喊声渐渐沉寂下去，他们好像认定这样的敲打是无用的，就等着推销大师来解惑。这时，推销大师拿出一个小铁锤，对着那个巨大的铁球认真地敲了一下，停顿片刻再敲一下，就这样持续地做着。

时间一分一秒地过去，10 分钟，20 分钟……这样单调的钟声令人们开始骚动起来，他们希望大师说点儿什么，便用各种方式来发泄自己心中的不满。但是推销大师好像根本没有听见人们在喊叫什么，仍然一小锤一小锤不停地敲着。

人们开始离去，最后只有少数几个人留了下来。后来留下的人们也喊累了，会场又安静了，只能听到"当当""当当"的钟声，又一个 20 分钟过去了，突然前排的一个人尖叫道："球动了！"

霎时间，人们聚精会神地看着那个铁球。那个巨大的铁球以很难察觉的幅度摆动着，而推销大师仍在继续敲着。终于，铁球在一锤一锤的敲打中越荡越高，它拉动着那个铁架子"哐哐"作响，在场的每一个人都被震撼了。

一阵阵热烈的掌声爆发出来，推销大师收起小锤后说了一句话："你们都想知道我成功的经验，今天我要告诉你们，在成功的道路上，要有足够的耐心去忍受寂寞，等待成功的到来，否则你就只能面对失败。”

在这场别致的演讲中，推销大师为人们上了生动的一课。静下心来，隔绝纷繁，承受寂寞的考验，我们的心灵会沉静似水，我们会变得更加沉稳、睿智，进而获得珍贵的人生宁静。

寂寞不是因为懦弱而躲藏，也不是因为害怕而放弃，而是不被喧嚣俗物所污浊的单纯，更是一种不动声色的蓄势。正如猛兽在捕猎之前都要静悄悄地占据一个有利地形，然后耐心地等待最合适的时机一蹴而就。

飞舞的蝴蝶是美丽的，那种美丽是因为蛹曾经在厚厚的茧壳中，在黑暗与无助的寂寞中默默地挣扎，才为自己迎来了这份自由灿烂的美丽；鲜艳的花朵是美丽的，那是因为泥土中的种子在寂寞的时光中悄然地舒展着生命，等待着温柔的春风与细雨，它才有了重生的希望。

翻看那些名人的成功史，我们也会发现“古来圣贤皆寂寞”。试想，如果没有不被重用、被贬流放的寂寞，屈原能完成千古绝唱《离骚》吗？如果没有壮志难酬、避世隐居的寂寞，陶渊明能创造出“采菊东篱下，悠然见南山”的静谧吗？

留一段云淡风轻的寂寞，不被喧嚣的俗物所污浊，让人生少些浮躁和媚俗，多些平静和安详，始终保持积极向上的心态，“十年面壁”“十年磨一剑”“十年寒窗”最后的结果应该是“大彻大悟”“剑一出鞘，谁与争锋”“一举成名天下知”。

近年来，李安在影坛可谓获得了不俗的成就，先后两次获得奥斯卡奖，还获得两个威尼斯电影节金狮奖和两个柏林电影节金熊奖，闻名国际影坛。然而，这些耀眼夺目的光环背后，却是一颗寂寞多年的心灵。

1984 年，从美国纽约大学毕业后，李安开始了在好莱坞漫长的奔波，却没能找到一份与电影有关的工作，不得不赋闲在家，靠妻子林惠嘉的薪水度日。为了缓解内心的愧疚，他包揽了所有的家务，买菜、做饭、带孩子、打扫屋子等，已过而立之年的李安第一次品尝到寂寞的滋味。

李安的过人之处在于，他很快就意识到寂寞也是磨炼意志的绝佳机会。那段时期，他每天都会阅读大量的书籍，仔细研究好莱坞电影的剧本结构和制作方式，思考如何将中美文化结合到一起，这让他形成了自己的创作风格，而寂寞的锤炼则让他克服了影视界人普遍存在的心浮气躁、好高骛远的缺陷。

6 年赋闲的寂寞生活之后，李安开始正式创作剧本，他将中国文化和美国文化有机地结合到一起，从而创造出一些全新的作品，而后开始了真正执导电影的生涯，其电影作品广受中美两国人民的喜爱。一点也不夸张地说，李安就是一座桥梁，一座使东西方影视文化得到沟通的桥梁。

一个热爱电影事业的电影人不能奋斗在电影行业，却只能待在家里做家务，这是一场令人痛苦的历练，但也正是这6年寂寞的“蛰伏”，使得李安才思泉涌，创作出那么多优秀的电影，人生道路得以闪耀。

寂寞让浮华归于沉寂，它是一种远离喧嚣、超凡脱俗的美丽，需要极大的智慧和定力。如果你是男人，就该是一座山，一座甘于寂寞而又伟岸的山；如果你是女人，就该是一条河，一条甘于寂寞而又温柔的河。

冰雪掩梅梅自香，何恐寂寞，终归会有人寻芳而至。而没有底蕴的人，再如何聒噪宣扬，也不会有人问津。做甘于寂寞散发梅香的人，还是聒噪一无是处的人，这左右着你将来的命运，你做好选择了吗？

享受一个人的好时光

提到独处，每个人都会感到不悦，脑海中还会浮现出这样的词语：“形影相吊”“孑然一身”“孤芳自赏”等等。这些词语带给我们的是一种被遗弃的冰冷之感，容易使人联想到人生的失败。

诚然，人们往往把合群看作是一种交际能力，但独处也是一种能力，并且在一定意义上是比交往更为重要的一种能力。因为一个人如果无法独处，没有一处心灵的世外桃源，人格与思想就无法真正成熟。

看看周围，你就会发现这样的人大有人在。

“你周末陪我吧，我男朋友出差去了……”彩云又打电话给好朋友小翠了，只要男朋友一出差，她不是叫小翠一起出去吃饭，就是一起外出娱乐。理由很简单：每当独自在家，她就会莫名地空虚和焦虑。

小翠很讲“义气”，每次都会将自己的事情放下来满足彩云的意愿。但是这次公司要求每一个人都要加班，她只好拒绝了彩云：“我不过去了，你自己看看电影、听听歌不是很好嘛，开心哦。”

无奈地放下了电话后，彩云躺在床上，呆呆地盯着天花板，无聊得要命，“该干点儿什么好呢？”“数数吧，1、2、3……”她感觉自己被全世界抛弃了，委屈的眼泪啪嗒啪嗒地掉了下来。

世界太拥挤，生活中总充斥着太多的枷锁。独处，并不是非要远离纷繁的市井，走向田园牧歌式的乡村，而是闹中取静，身处喧嚣而不慕繁华，在红尘中但不陷烟云，居短巷却怡然自得，置陋室却心房飘香。

中国的古人深谙此道。明人洪应明就曾提到自己在夜深人静的时候，经常独自一人静静地坐下。他说，在这种静思中省视内心，能够感知真我，世界上的一切烦恼、俗念、丑恶都会渐渐消去，进而感悟到人生的真谛。

的确，独处不但可以让我们从繁杂的外部环境、纷扰的人事中抽身而出，回归自我的状态，还可以让我们的心愈现空明，静静地聆听自己内心最真实的声音，平和地体验与理解自我，活出最真实的自己。

在星光灿烂的娱乐圈里，她羞涩安静、干净清爽，反而与众不同，在很多人心目中，她是清纯玉女的代表，她就是袁泉，一个喜欢安静独处的女人。

谈及独处，袁泉这样说道："我喜欢安静地独处，尽管有爱相伴，但独处是令自己最舒服的状态，感觉其实挺美好的，能从中体味一些好玩的事情。我会一个人待在房间里，听音乐，其实也许什么都没有想，但那是一种享受。"为了表明自己的态度，她还发了一张名为《孤独的花朵》的专辑。

正是因为秉承着独处，袁泉始终没有让自己受到太多急功近利、心烦气躁气氛的影响，也始终没有让名利磨去她身上那些单纯的东西，使她的内心产生了一种无比强大的力量，令观众们为她惊叹、为她陶醉。

正所谓宁静以致远，在繁忙、琐碎、浮躁的时代，独处能留给自己一片安宁的晴空，留给自己一隅思索的空间，让自己成熟和理智起来，让自己释放和释然。独处是如此美妙珍贵，聪明的你怎么可以放弃这样的优待？

在竞争激烈的现代社会，很多人忙忙碌碌，几乎没有一分钟是清静、清闲的，独处就显得更加重要了。不管外在的世界如何喧闹，每天为自己留出 10 分钟，让自己有一片清静的天地，使心灵更加畅快愉悦地呼吸吧！这个时间不是很短，也不是太长。我们能够承受得起，也能够消受得起。至于在这个时间段干什么，倒是没有必要去跟别人学，自己随意支配，让身心放松、默默地冥想，或者什么也不想；阅读一本书、看一场电影；整理一下衣橱，或者做一次房间兼空间的大扫除……

无论身在如何的喧哗之中，如果你能够安然享受独处的时光，回归真实自我的状态，那么你就如同梭罗建在郊外的小木屋，陶渊明篱前盛开的菊花一样挣脱了所有的束缚，散发出一抹散不去的生命馨香。

第五章

静心求稳，流年如歌无怨悔

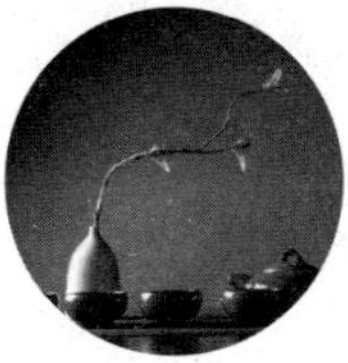

为什么总是容易对他人发火，为什么总是一出口就得罪人，

为什么总是决策鲁莽、草率，因为我们的心不稳。

心不稳，则难理性、易冲动。

当心变稳时，内心自然能够不再偏执，

冷静地思考，理智地排除杂念，控制不良情绪。

心不静，难入定

当生活中出现了失误或者事情进展得不顺利的时候，很多人出于一种“自我保护”的意识，往往会冲动地把过错归咎于环境和别人，却很少从自己身上找原因，结果弄得心力交瘁、精疲力竭，不知道自己应该要归向何处。

下面是一个经典的小故事，名为《蜘蛛的启示：到底是谁在打扰你》。

有个小和尚学习入定，可是每当入定未久，就感到有只大蜘蛛钻出来捣乱，他用力地挥了挥手，企图驱赶大蜘蛛，未果。于是，他便报告师父：“我一心想好好入定，但是寺庙的环境很不清净，有一只大蜘蛛老是打扰我，赶也赶不走。”

“有蜘蛛打扰自然难以好好入定，不过以前倒是没有人反映过这个问题。”师父想了一会儿，接着说，“下次入定时，你就拿支笔在手里，如果大蜘蛛再出来捣乱，你就在它的肚皮上画个圈，我们将它找出来。”

听了师父的话，小和尚准备了一支笔。

再一次入定时，大蜘蛛果然又出现了。小和尚见状，毫不客气，拿起笔来就在蜘蛛的肚皮上画了个圈圈作为标志。谁知刚一画好，大蜘蛛就销声匿迹了。没有了大蜘蛛，小和尚就可以安然入定，再无困扰了。

过了好长一段时间，小和尚出定后一看才发现，原来画在大蜘蛛肚皮上的那个圈圈就赫然出现在自己的肚脐眼周围。这时，小和尚才悟到，入定时的那个“破坏分子”大蜘蛛不是来自外界，而是源于自己的心不静。

入定时有一只大蜘蛛钻出来捣乱，小和尚以为是寺院的环境不清净，结果在师父的指点下，才知道蜘蛛是自己心中所念，一切皆因为自己的心不静。这个故事启示我们：不是别人，而是自己。

所以，当生活中出现某些不愉快的问题时，不要第一时间冲动地指责或抱怨别人，让自己的心安静下来，多从自己身上找原因，或许能更快地找到问题的根源。很多事情也许就变得更加容易解决，与他人也就更容易相处了。

有一则小故事是这样的。

一位女士多年来总是嘲笑对面的女邻居懒惰：“那个女人的衣服永远洗不干净。看，她晾在院子里的衣服总是有斑点。我真的不知道她为何洗衣服都洗成那个样子……”为此，爱干净的她不曾与邻居来往。

一天，她的朋友来她家做客，听见她在嘲笑对面的女士，就仔细地观察起来。结果细心的朋友发现了问题所在，于是拿起一块抹布，把玻璃上的污迹擦净，然后说："你看看对面的衣服还脏吗？"

原来不是女邻居没有洗干净衣服，而是这位女士自己家的玻璃窗脏了。女士多年的心结打开了，再见到女邻居的时候她友好地朝对方笑了笑，两人很自然地聊到了一起，还成为一对难得的好朋友。

生活中我们会经常提醒别人：擦亮你的窗户。而我们更应该静下心来问问自己：自己的窗户擦亮了吗？不要冲动地将错误归咎于别人，检讨自己要容易得多，如此就不会有愤世嫉俗、鲁莽行事的愚蠢行为了。

的确，凡事找自己的原因，你就不会冲动地气别人、怪别人、恨别人，可以让自己沉着冷静地去解决问题，心平气和了就不会引发纷争、激化矛盾，这样你与任何人都不会产生纠纷，生活也就少了些不必要的怨恨。

我们再来看一个故事。

方佳是个"80"后的时尚女生，热情开朗，和大多数同事相处融洽，唯独对一个年长几岁的男同事能不答理就不答理。在方佳眼里，这位男同事就是一个“工作狂”，好像他是全世界最勤奋的人一样，害得别人都成了陪衬。

不久前，公司有项工作任务非常紧急，老板安排方佳和这个“冤家”合力完成。果然不出所料，这位男同事天天早出晚归加班加点，这让方佳很是受不了，为了顺利地完成工作，她努力调整自己的情绪：或许问题出在我身上，是不是我的工作态度太过散漫了，是不是我对工作没有太高要求……

于是，方佳也开始跟着这位男同事努力工作，还主动承担了一些较为复杂的工作。结果，两人的工作进度非常神速，还在例会上得到了老板的表扬。事后，方佳感慨道：“要不是因为他事事争先，我们的工作进度肯定就没有那么神速。现在我才知道他工作卖力是因为他有上进心，这点很值得我学习。”

方佳调整了自己的情绪，检讨自己的工作态度，最终认识到是自己太过散漫、没有上进心。认识到这一点，她对“冤家”的态度自然就发生了变化，他们合力完成了公司的任务。试想，如果她冲动地指责“冤家”，工作肯定很难完成，又何谈受到老板的表扬？

多从自己身上找原因，检查自己说过的话、做过的事，看看自己的所作所为有没有需要改进的地方，只有这样，我们才能不冲动地将错误归咎于环境或他人，才能让自己少犯错误、更加进步。

三思而后说

谁都知道“祸从口出”这句话，也明白“三思而后行”的道理，但是在情绪冲动的情况下，就没有几个人能在说话之前“三思”了，常常是不假思索、脱口而出，甚至是口无遮拦、信口开河。

也许让你冲动的是一件很小的事情，但是当你不经过大脑说出气话来时，一件几乎可以忽视的事情就会立刻发展为一件不可忽视的大事，犯下不可挽回的错误，只会给你的人生增加不必要的矛盾和怨恨。

科里奥拉努斯是古罗马的战神，是一个战场上的常胜将军，但是这个将军却因为在情绪冲动之下说了一些不经大脑的话，最终遭到了古罗马人民的不满和厌恶，还差一点丢了性命。

为了提升自己的威望，科里奥拉努斯决定竞选最高层的执政官，人们感动于他为国家和人民所立下的汗马功劳，纷纷表示愿意投他一票。可是在发表演讲的时候，为了讨好支持自己的富人，科里奥拉努斯抨击了当时的人民民主。平民们愤怒了，纷纷改变了自己的投票意愿，科里奥拉努斯竞选失败了。

这个常胜将军当然不能容忍自己的失败，当他知道自己落选的时候，冲动蒙蔽了他的心智，他一心一意想要报复那些反对他的平民。当一批运抵罗马的食物是否发放给平民进行投票的时候，科里奥拉努斯投了决定性的反对票，最终使得议题没有通过。

于是，平民们彻底被激怒了，要求科里奥拉努斯必须公开道歉。迫于社会的压力，科里奥拉努斯答应公开道歉，但是在道歉的过程中，他根本不能控制自己的情绪，说话越来越粗鲁，最后甚至痛骂民众，而且越骂声调越高。

科里奥拉努斯说得越多，平民们就越愤怒，大声的抗议中断了发言，代表平民的护民官决定判处科里奥拉努斯死刑。虽然最终在贵族的努力下，科里奥拉努斯得以活命，但是他仍旧被判终生放逐。

如果科里奥拉努斯不那么冲动，如果他在冲动的时候不说那些冒犯平民的话，他就不会竞选失败，重获平民的支持，甚至还有机会被推举为执政官。然而，可惜的是，他无法控制自己的情绪，说话不经过大脑，最终自食恶果。

话语是即时性的，一时冲动、不经考虑、脱口而出的话语，有时表达的根本不是自己的本意，却被人误解，给人留下很不好的印象，造成无法挽回的伤害，即使事后万般解释，也难以完全挽回影响。

因此，我们在交往中一定要懂得冲动时静下心来，什么话能说、什么话不能说，都要在脑子里多绕几个弯子，这样就可以避免犯下不可挽回的错误，也就大大增加了彼此间谈话的融洽感，利于与别人和谐相处。

一位女作家写了一部言情小说，很受人们的喜爱，所以她的新书发布会受到了很多人的追捧。但在发布会的台下，一个男人阴阳怪气地问道："你的作品写得真好，不过，请问是谁帮你写的呢？"

很明显，这个不友好甚至无礼的家伙是故意来闹事的。发布会的气氛顿时变得紧张，所有声音突然消失，有的读者面面相觑，场面很尴尬，大家都不知道接下来会发生什么样的事情。

当时，女作家第一秒想到的是回击对方"你是什么人，凭什么这么诬陷我"，但是她提醒自己千万不要冲动，否则就有可能导致发布会进行不下去，还会给读者们留下不好的印象。她深深地呼吸了一下，面带微笑，礼貌地回答人说："很高兴你能喜欢我的这本拙作，谢谢你的夸奖，不过请问，是谁帮你看的呢？"

女作家的反问让那个人哑口无言，他灰溜溜地逃走了，台下传来一片掌声。

一位作家被人讥讽不会写作，怎么说都是一件令人无法忍受的事情。在这内心冲动、一触即发的关键时刻，女作家让自己保持了冷静，没有恶语相向，而是巧妙地回敬对方不会读小说，令人拍案叫绝。

美国艺术家安迪渥荷曾经告诉他的朋友：“我自从学会适当地闭上嘴巴后，获得了更多的威望和影响力。”在实际生活中，我们要想让生活少些不必要的怨悔，就要时刻记住“祸从口出”，冲动时让自己冷静下来，说话之前在脑子里多绕几个弯子，坚决不说会伤和气的话，能说的话也要温和地说。

其中，“你真是笨”“你为什么要这么做”“你让我很丢脸”等，是我们最经常说的气话。试想，当有人对你说以上那些话语时，你是什么感觉？无疑，你当然不会感觉舒服，对他的好感也会大打折扣。

有时候，尽管你是真的很不高兴，仍要学着让自己的心冷静一下，尝试着换一种口气，比如“虽然你做得不是很好，但比上次进步多了”“你没有想过换一种方法或许会更好”等，这样的话语能让对方感觉舒服多了，更容易令人接受。

祸从口出，不经过大脑说出的气话，很容易会犯下不可挽回的错误，给人生增加不必要的矛盾和怨恨。情绪冲动的时候，学着让自己的心冷静一下，说话之前在脑子里多绕几个弯；当一个想法、一种认识初入我们大脑中时，先静下心，然后冷静、客观和全面地去分析，适时权衡利弊，因人、因地、因时地去考虑。当然，这些需要日积月累的积累经验。不过，多点心思，少点麻烦还是很值得的，难道不是吗？

不让抱怨充塞自己的人生

被领导批评了、工作压力大了、工资低了、物价又上涨了……在我们生活中，总能听到这样或那样的抱怨。可是，抱怨能解决问题吗？抱怨能使你摆脱现状吗？抱怨只会令你的心情愈加糟糕、鲁莽冲动。

生活中有很多原本老实本分的普通人，只因不能克制抱怨心理，结果把抱怨变成了冲动的念头，让冲动的心魔占据了整个心灵，结果让一些鸡毛蒜皮的小事毁掉了自己的生活，留下无限的怨恨。

我们来看一个典型案例。

苏姗是一家公司的白领，她总是有很多的牢骚，不是抱怨这个就是抱怨那个："凭什么小张接的都是轻松的活儿，我手上的客户就那么难缠？""公司的破电脑又死机了，这样的工作环境太令人懊恼了。""给那么短的时间完成一份客户反馈报告，我今晚肯定没法睡，真烦人。"……

苏姗爱抱怨，在公司里众所周知，就连总经理都知道了。没有哪位老板想用老抱怨的员工，总经理之所以不动声色，是因为苏姗的工作能力还不错，但是3年来他从来没有给过苏姗任何提拔，工资水平几乎原封不动。

如此一来，苏姗的不满情绪加重了，变本加厉，每天唠唠叨叨个不停："老板可小气了，用人特别狠，他想用最少的钱让我干最多的活。哼，我才没有那么傻呢。"于是，她开始不认真工作了，结果屡出差错，惨遭开除。

可见，对周围的一切抱怨不止，却极少静下心来反省自己，内心被不满、不平等的情绪占据，只会导致自己的性格、脾气变得古怪、偏激，有时稍微受到外界刺激便不能容忍，冲动的"心魔"就被唤醒了。而一个心智急躁的人，又怎能看清眼前的一切？怎能理智地对待周围的人和事？

有一本名叫《通向成功生活的道路》的励志书，作者在书中写了这样一段令人印象深刻的话："生活中常见的一些绊脚石，是我们不知不觉间给自己树立起来的，那就是我们一而再、再而三地抱怨。"

克制住冲动的情绪，其前提便是不抱怨。停止你的抱怨，让内心安静下来，唯有如此你才能去除内心的不满、不平等情绪，才能以客观和冷静的头脑分析当前的情况和原因，然后找到摆脱困境的方法。一切尽在掌握之中，内心安然平和，冲动的"心魔"自然不能嚣张行事，甚至无所遁形。

大学毕业后，肖强没有找到合适的工作，暂时在一家保险公司当了业务员。刚到公司上班，肖强就发现公司里大部分人对本职工作不认真，他们不是抱怨工作难做，就是抱怨待遇太低，有的还抱怨客户太无理……

的确，这是一份让人很头痛、很难做的工作，肖强的工作开展起来也很困难。第一个月他拿到的只是最基本的底薪。虽然工资低、职位低，但他知道抱怨不能解决任何问题，再难也要上。

怎样做才能让人们愿意接受保险业务员呢？经过一番思考后，肖强确定了工作路线，接着他一头扎进工作中，更加努力地工作。为此，肖强还在社区里举办了一场场“保险小常识”讲座，免费为社区居民讲解保险方面的常识。

渐渐地，社区居民们对保险知识产生了兴趣，肖强接下来的工作进行得顺利多了，业绩突飞猛进，很快便受到经理的重用，时间一长，肖强成了公司里的“顶梁柱”，而其他同事还在抱怨，还在原地踏步。

正是由于肖强没有一味地去抱怨，去除内心的不满，才没有冲动地敷衍工作，或者立马走人，而且他还找到了开展工作的新方法，依靠自己的努力改变了现状，赢得了公司领导的赏识，获得了更多发展的机会。

在人生的道路上，有阳光，也有阴霾；有平坦，也有坎坷；

有畅通，也有荆棘。既然你已经明白了抱怨只会使你变成不够理智的人，那么就停止那些没有意义、没有必要的抱怨，催眠冲动的“心魔”，让心如止水吧。

赢了争论，失了风度

俗话说：“有理走遍天下，无理寸步难行。”没理的时候，人通常能够静下心为人处世，但在别人理亏的时候，却容易冲动地与别人一争高下，非要让对方承认自己的错误，或者非要逼得对方无路可退才善罢甘休。

殊不知，得饶人处不饶人，往往会在无形之间打乱自己的心灵节奏，给周围的人带来很大的压力，破坏彼此间的人际关系，为自己设置许多障碍，最终使自己走向孤立无援的地步，使生活各方面陷于窘迫。

刘珊是一个开朗活泼、直来直去的女人，她这种性格本是很受欢迎的，尤其是在竞争激烈、尔虞我诈的职场，但是她却容易情绪冲动，尤其是当自己有理的时候，非要和别人争出一个一二三来，得饶人处不饶人。

有一次，刘珊被经理安排到外面做事情，文秘小红不知情，给刘珊记了请假，结果月底的时候扣发了工资。刘珊非常气愤，理直气壮地去找小红理论，说：“嘿，你对工作怎么这么不负责，我什么时候请假了？”

小红去询问了经理，才知道自己搞错了，但是她心想：即使是我发错了工资，你也应该好好说，怎么可以这么出言不逊呢？于是，她不禁抱怨道：“这事也不能全怪我，当初你外出时没说是公务，我怎么知道，你也有责任。”

“什么？我的错？是你自己的工作没有做好，你怎么又怨起我来了？”刘珊仗着自己有理，不依不饶，大声嚷道：“我们市场部可是公司的前线部门，难道人人都要向你这么一个打杂的俯首称臣不成？不知道天高地厚！”

在大庭广众之下，被人如此痛骂，谁受得了。“呜呜……”小红又恼又羞，趴在办公桌上哭了起来。此时，几乎所有的同事都开始指责刘珊：“不就是错发了工资嘛，你这么冲动做什么”；“文秘每天也要做好多工作的，难免会有出错的时候，你跟人家好好说嘛……”

“我……”刘珊不明白了，本来自己是“受害者”，怎么现在倒成了众矢之地。

最后，刘珊被扣发了工资。

开始的时候，刘珊是有理的，但是她横加抱怨、出言不逊，这就显得有些不合情理了，只会在别人心里留下过于冲动、不可理喻的印象，破坏了自己的人际关系，得不偿失。

在有理的时候，你是无敌的，但是也要学会得饶人处且饶人、有理也要让三分，因为有理并不在于声音的大小，也不在于言辞是否犀利，而是在于人心。谁对谁错、谁是谁非，别人心里自然会有分辨，这就是大家常说的“公道自在人心”。

当自己占理的时候，学着让心静下来，相信公道自在人心，尽量用温和代替冲动，做到言行温文尔雅、得饶人处且饶人。这是有百利而无一害的，如此你不仅会拥有平和宁静的内心世界，而且能够理智地、科学地处理好事情，令生活少些不必要的怨悔，最主要的是你给众人留下的必将是优雅大度、正直善良的好印象。

在一条大街上，有一家古朴典雅的茶庄。虽然茶庄的地点较为偏僻，但茶庄的生意却很是兴隆，每天来喝茶的顾客特别多。茶庄的一个服务小姐对顾客和颜悦色，说话轻声细气。当然，也有一些第一次来喝茶的比较粗鲁的顾客。

“小姐！你过来！你过来！”突然一位顾客高声喊着，同时指着自己面前的杯子，满脸寒霜地说，“看看！你们的牛奶居然是坏的，把我的一杯红茶都糟蹋了！哎呀，真是的，你们这是什么茶馆呀。”

服务小姐愣了一下，随即微笑着说：“真对不起，我帮您换一下。”

很快，服务小姐就把红茶和牛奶端了过来，杯子和碟子跟上一杯是一模一样的，放着新鲜的牛奶和柠檬。她轻声地说：“先生，我能不能给您提个建议，柠檬和牛奶不要放在一起，因为牛奶如果遇到柠檬很可能会造成牛奶结块。”

此时，顾客的脸刷地一下就红了，他匆匆喝完那杯茶就走了。这时候，其他的客人问那位服务小姐：“明明是他老土，你为什么不直接和他说呢？他那么粗鲁地对你，为什么你还和颜悦色呢？”

小姐轻轻地笑了笑，回答道：“正是因为他粗鲁，所以我才要用婉转的方式，因为道理一说就明白，又何必得理不饶人呢？理不直的人，常常用气势来压人。有理的人，就要用和气来交朋友。”

听罢，在座的所有顾客都笑着点了点头，对这家茶庄又增加了几分好感。从此，这家茶庄的生意越来越红火，不是因为他们的茶有多好，也不是因为他们的规模有多大，而是因为茶庄的服务态度好，让人觉得舒服。

正是由于服务小姐没有对顾客的无理取闹还以颜色，而是懂得有理让三分、面带微笑地为顾客服务、用委婉的语气告诉顾客事实的真相，保留住了顾客的尊严，其他的顾客才深受感动，愿意光临这家茶庄了。

试想，如果该服务小姐仗着自己有理，冲动地与顾客争辩，直截了当地指出顾客的错误，那么她只会给其他顾客留下肤浅、粗俗、愚蠢的印象，还有谁愿意光顾她的茶庄呢？相信她事后也会为自己的冲动而悔恨不已。

公道自在人心。冲动时静下心来，得饶人处且饶人，以这样的健康心态处理事情，不但可以得到一个满意的结果，而且能够赢得别人的尊重，也许还会有意外的收获。

忍耐非懦弱，而是成熟

《动物世界》里曾经讲过这样一个故事。

海滩上有两只蓝甲蟹：一只脾气冲动、争强好胜，总是会和身边的蓝甲蟹发生冲突；而另一只则极其能忍，不管遇到什么样的挑衅，它们都像死了一样躺在沙滩上，任凭对方蹿上跳下也一动不动。

经过千百年的演变，人们发现，那只凶猛的蓝甲蟹在不断的冲突厮杀中，数量越来越少，几近灭绝；而那些总是躲起来、不和他人正面冲突的蓝甲蟹不但没有遭遇灭顶之灾，而且繁殖得越来越旺盛。

生活中总会遇到不顺心的事情，如果我们像那只凶猛的蓝甲蟹一样非要和别人厮杀一番，结局很可能就是两败俱伤。而适当地忍耐一下，控制自己的所作所为，往往就能春风化细雨，一切回归风平浪静。

为人处世，常常需要忍耐，因为人不是万能的，总有好多事情自己没能力解决而无可奈何，一时冲动、意气用事就会错失良机。暂时地忍辱负重，可能是解决问题的最好方法，生活也将少些不必要的怨悔。

家喻户晓、妇孺皆知的西汉名将韩信武功盖世，称雄一时。但当他还是个贫困潦倒的平民百姓时，曾经有个地痞侮辱他说："你敢杀人吗？你若敢杀人，那你就先杀我；要是不敢的话，就从我裤裆下钻过去。"面对这等奇耻大辱，韩信很想与地痞一决高下，但他深知"包羞忍耻是男儿"的道理，克制住了自己的冲动，硬是从地痞的裤裆下钻了过去，围观的人都讥笑他懦弱。

试想：假如韩信一时冲动地刺死那个地痞，情况又会怎样呢？他免不了要吃官司，做一个名不见经传的枉死鬼，或者只能亡命天涯、颠沛流离，命运可能是另外一种情形，历史也许就会改写，到时候再多怨恨也无用。

很显然，忍让并不是懦弱地忍气吞声，不是无原则地退让、放弃，而是对己的克制和约束以及更深远的考量与权衡。"君子所取者远，则必有所持；所就者大，则必有所忍。"这正是中国"忍文化"的真谛。

一时的冲动往往会让人后悔，冲动是我们最大的敌人。当你因为某些人和事而情绪冲动时，一定要努力让自己静下心来，学着忍耐一点，降低过激情绪的干扰，才能避免一时的舒心后用无尽的悔恨毁灭人生。

忍耐是意志的磨炼，是爆发力的积蓄，是后发制胜的武器。人应该学会在忍耐中锲而不舍地追求，在忍耐中深刻地感悟人生，品尝先苦后甜的味道。正如福楼拜给莫泊桑的赠言：“天才，无非是长久地忍耐！”

很多人之所以能够与普通人有所区别，并不在于他们比一般人成功，或者比别人更有能力，而在于他们知道忍耐的智慧，能够控制自己在冲动下的所作所为，不会让自己作出终生遗憾的事情。

刚进入一家很有名气的广告公司时，彭宇发现大学里学到的东西在实际应用中并不够用也不管用，致使工作效率很低、出错率很高，结果他经常受到老板的大声训斥。

朋友们得知情况后，纷纷劝说彭宇干脆辞职换一家公司，毕竟那个老板要求苛刻、脾气暴躁。但是彭宇却很不认同他们的说法，觉得自己不能因为年轻气盛，受到一点点责备和委屈就想不开、闹情绪、撂挑子。

在那段时间内，彭宇坚持并努力做好自己的工作，慢慢地，他遭到老板训斥的次数越来越少了。两三年过后，彭宇对于展览、策划、文案、平面设计等都很有一套，并获奖无数，成了广告公司的台柱子和招牌，老板对他跟换了个人似的，非但不再说一句重话，还赞赏有加，并提拔他为主管。

对于自己的成功，彭宇解释道：“头三年学艺未精，看老板脸色并不丢脸，千万不要受点儿委屈就冲动做事，否则一生都要看别人脸色。心静一点，忍耐一点，沉得住气，才能在工作实践中培养自己的本事，最终老板定会对你刮目相看。”

由此可见，忍耐不是懦弱，而是一种自我控制的能力、一种审时度势的智慧、一剂保全自己的良方、一种主动收缩的调整、一种以退为进的策略，进而让人生不断蜕变。既然如此，我们何乐而不为呢？

需要注意的是，忍耐之前要理智地区分：什么重要，什么不重要；什么是原则问题，什么是非原则问题；什么必须现在解决，什么可以暂缓解决。不分主次、没有限度，忍耐就变成了懦弱，实不足取，也容易导致心理压力。

舍得吃亏，得心安

在现实生活中，总是有些人不肯吃一点亏，一旦吃了芝麻小亏，就情绪激动，轻则破口大骂，重则大打出手，将事情弄得不可收拾，让与其共事的人怨声载道，失去人气，搞得自己也心境不宁，这是一件多么可悲的事情。

下面，我们来看一个例子。

卡米尔是一家汽车公司的网络编辑，她最害怕的就是吃亏，尤其是在工作上，做完自己的工作后，宁可坐着歇着也不肯帮帮周围忙得晕头转向的同事们，下班比谁都走得早，这让同事们很不喜欢她。

有一天下午，公司要急发通告信给所有的营业处，而公司的文员又请假，所以办公室主任抽调了一些员工协助，卡米尔就在此列。卡米尔对此很不以为然，认为这不是自己的工作，做了岂不是吃亏了？她便不高兴地说：“凭什么要我去？再说了，我到公司来不是做套信封工作的，我不做。”

结果，主任以不遵从领导安排为由要罚卡米尔50元，以示警戒。卡米尔哪能吃得了这种亏，便气势汹汹地和主任理论，说：“嘿，你凭什么罚我？你是不是平时看我不顺眼呀，你要是看我不顺眼就直说。”

主任一听，气不打一处来，很认真地说：“既然帮同事做一些事情、帮公司处理一些事务你会觉得自己吃亏，那么请你另谋高就吧，我们这里不欢迎你！我想，经理也会赞同我的说法。”就这样，卡米尔失去了工作。

由此可见，一个若一见到好处就巴不得全揽到自己身上，一见到坏处就恨不得推给别人，吃了一点亏就丢掉了心平气和的姿态，冲动做事，沉陷在与人是非争斗、斤斤计较之中，那他往往会因小失大。

既然如此，吃亏时我们要努力让自己的心静下来，努力克制自己睚眦必报的冲动，把眼光放长远一些，暂时吃一点亏。吃亏不仅是一种聪明睿智的人生智慧，更是一种坦荡自若的做人方式。

清代著名的书画家郑板桥，在写过“难得糊涂”之后又写了一个著名的字幅就是“吃亏是福”。吃亏怎么就“吃”出福气了呢？这是因为，不能吃亏的人过于精明、锱铢必较，这种心理会束缚他的心灵自由；而吃亏则换来的是心灵的平和与宁静，还可以轻松地化解人际间的摩擦和矛盾，让生活少些不必要的怨悔，这无疑是人生的幸福。

在某一个乡镇上，有两户人家是多年的邻居，后来东户家里有钱了要翻盖房子，为了让自己家的院子更宽敞一些，便谎称西家的墙占了他家一米的基地，要求西家将院墙往西移动一米。

西家的男人不肯吃亏，又不堪忍受东家的胡搅蛮缠，便提出要对簿公堂。这时，妻子劝说道：“当初秦始皇筑长城，他不肯让半分土地，虽然现在长城还在，而秦始皇又在哪里呢？让一米就让一米吧，邻里之间吃些亏有什么大不了。”

西家男人静心一想，觉得很有道理，于是便将自家的院墙挪了一米，结果东家在惭愧之余很是感动，最后不但将院墙挪回了原来的位置，而且东家无论有什么事情都会主动帮忙。这样，两家的关系越来越和睦，还成为世交。

西家将院墙挪了一米，让自己吃了一些亏，结果令东家惭愧又感动，将院墙挪回了原来的位置，影响彼此关系的问题解决了，邻里关系更和睦了。试想，如果西家不肯吃亏，在冲动之下真的与东家对簿公堂，甚至大打出手，那么最后即便是讨回了公道，两家的关系想必也好不到哪里去。

在现代社会巨大的竞争压力下，吃亏更是一种难得的境界，几乎所有的领导都喜欢办事得力、不计较个人得失的部下。要取得领导的信任，吃亏有时是无法避免的，这时候我们一定要静下心来，甘于吃亏，切勿冲动做事。

在不知情者的眼里，艾森是一个幸运的人。要不然，她学历一般，能力也不出类拔萃，怎么能在短短3年的时间里从人事部文员升到经理助理的位置，一路绿灯呢？只有艾森自己清楚，她的成绩完全是吃亏得来的。

刚进这家公司时，只有大专文凭的艾森是一个不起眼的人事文员。在这个部门，学历高、能力强的人才层出不穷，艾森自知自己没有什么优势，只有比别人更勤奋，因此她不仅努力做好自己的工作，还尽可能帮公司多做一些事情。

一次，办公室主任请病假，留下许多需要紧急处理的工作，经理要求人事部暂时接管主任的工作。从事这项工作要付出比平时更多的时间和精力，更关键的是没有工作报酬。人事部没有人肯吃这个亏，都以手头工作很忙为由委婉地推辞掉了，经理只好将这个“烫手山芋”扔给了艾森。

“为什么偏偏是我？就因为我是新人吗？”艾森觉得很委屈，也想像别人一样推辞，甚至想立马辞职，但是理智战胜了冲动，她想：同时处理两份繁重的工作，虽然自己会吃一些亏，但这未尝不是一次很好的锻炼。接着，她认真地思考怎样提高工作效率，并很快制订了方案，最后成功地完成了任务，令领导极为赞赏。一年后，经理提拔艾森为经理助理，因为经理知道她这样的人担得起重任。

初入职场的艾森接到了“烫手山芋”，情绪激动是人之常情，但幸好，她的理智控制住了冲动，心平气和地承担起了更多的工作。这样看起来她是吃亏了，但是她却学到了全面的技术和更多的经验，而且还赢得了领导的信任和欣赏，领导愿意把升职加薪的机会让给她，最终转“亏”为“福”。

人都是将心比心的，坦然地面对吃亏，却换来别人的尊敬和拥护，如此一来，你做什么事情都不会再是难事！更何况，一个人幸福与否，往往取决于他的心境如何。如果我们用外在的东西换来了心灵上的平和，那无疑是获得了人生的大福气，这便是值得的。

吃亏的时候不冲动，多一份坦然、多一份豁达，肯吃亏、会吃亏，如此便涤荡了心灵，从而有了一个潇洒的转身，而人生就是在这样一次又一次洒脱的转身中，舞动出了一段精彩的华尔兹。

总要有路可退

凡事要留有余地，给自己留条退路，就是给自己设计好出路。

俗语说“三思而后行”，这是告诉我们，人生在世，做任何事之前都要认真地考虑一番。而冲动做事、孤注一掷的人，在意外之事发生时，往往会输得很惨、跌得很重，给生活增添无限的怨悔。

在美国西部掀起淘金热的时候，田纳西州一位来自秘鲁的移民也蠢蠢欲动了。他心想：到了西部，等自己挖到了大把大把的金子，就可以住富丽堂皇的别墅，品尝天下的山珍海味。他被这种幻想冲昏了头脑，当即决定变卖所有的家产西迁。

“哦，你真的要变卖这里所有的东西吗？包括你的房子、你的山林吗？”朋友们认为他的做法有些不妥，纷纷对他提出建议，

“不要这么冲动，你带上足够的资金不就可以了吗？给自己留条后路，万一你找不到那么多金子呢？”

“不，我一定会成为大富翁的。”这个秘鲁人变卖了所有的家产西迁，在西部买了80公顷的土地进行钻研，希望能够找到金子。结果，他一连干了5年，不仅没有找到任何东西，最后连家底都折腾光了，不得不又重返田纳西州。

这个可怜的秘鲁人回到故地后，居然发现那里机器轰鸣、工棚林立，原来被他卖掉的那个山林就是一座金矿，新主人正在挖山炼金。至今，这座金矿仍在开采，它就是美国著名的门罗金矿。

想到自己孤注一掷地丢掉了属于自己所有的东西，不仅令自己一无所有，居然还失去了一座金矿，秘鲁人后悔自己当初的冲动，但是又能怎么办呢？悔之已晚，他终日以泪洗面，郁郁寡欢，潦倒余生。

孤注一掷地丢掉属于自己的东西，很有可能会失去一座金矿。无论是在什么情况下，无论对事情有多大的把握，我们也不要冲动地做事，要静下心来，想到“最可能的极端的失败”，要想到失败后，自己是否还有退路可走。

也许有人会提出反驳：冲动一些未尝不可，没有退路更容易成功。西楚霸王项羽做事一向冲动，从来不给自己留后路，当年取得了巨鹿之战的伟大胜利，不就是因为破釜沉舟、一鼓作气吗？

诚然，不留后路有着置之死地而后生的力量，但是以“赌博”的心态押上自己的所有，以致日夜忐忑不安、夜不能眠，何来幸福？而冷静地思考一番，给自己留条后路，回旋的余地会很大，相对而言心境就趋于愉悦与平稳。让自己轻装上阵，成功的概率也会更大，实在无奈失败，也会“海阔天空”。

维妮从小就爱好文学，一直想成为一名作家。大学毕业后，她如愿进入一家图书出版公司当起了合同制作家。当时，她冷静地做了一番打算，那就是万一作家当砸了，出来当个职业撰稿人也不错。

因为有了这条“退路”，工作对于维妮而言没有特别大的压力，她每天都能以愉快的心情面对工作中的事务。就这样，她在这家公司一干就是3年。直到后来，公司进行了一次人员整顿，维妮不幸失业。

辛苦工作了好几年，却没有得到出版业的“厚待”，维妮冲动之下想把自己多年来积攒的所有图书都当破烂一样卖掉了。后来，她静下心来想一想，自己不是早就想好做个职业撰稿人了吗，于是她继续坚持写作。

后来，维妮意外地获得了一次“上岸”的机遇，她被一家全国500强的公司相中，并通过人事部门的公开考试，被录用为秘书，端上了年薪近十万元的铁饭碗。尽管如此，维妮依然决定留住自己的一块自留地——继续坚持业余写作，为未来留一条也许永远都用不上的“退路”。

不管面对什么事，都要留有一条退路。人生不是过非生即死的“赌博”，不到迫不得已的绝境，聪明的人一般不会冲动做事、破釜沉舟，霸王别姬的悲剧更是只会在项羽这种有勇无谋的人身上重演。

没有想好退路就匆忙上路的人，往往会铩羽而归。给自己留一条退路，是看破世俗的豁达，是绝处逢生的机智，更是一种双赢的策略。留一条退路，你不会退缩，而是能够更加坚定地前行。因此，不要心急，不要冲动，凡事给自己留条退路吧。

第六章

静心守谦，春风得意须久长

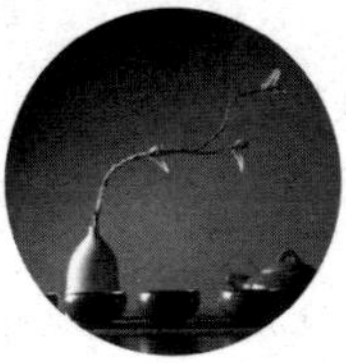

谦和是处于人生高峰时的淡定之心，是人生得意之时的平和之态。

越是居于高位，越要心怀谦卑；

越是春风得意之时，越要冷静自持。

只有怀有此心，才能不断向上行走，而不是一切成就仅若昙花一现。

恃才傲物，不可取

随着学业的发展，我们从大学生成为硕士生，又从硕士念到了博士，再到博士后等。一般来说，学历越高代表一个人受教育程度越高，各方面的能力越强。正因为如此，有些高学历的人就自以为高人一等。

殊不知，学历对于一个拥有它的人来说，只是增加了这个社会对它的认可程度，并不能从任何方面证实拥有了它就一定可以拥有成功的能力，它不是衡量能力高低的唯一标准。那些将高学历当作骄傲资本的人，未免就太可笑、太无知了。

一位刚毕业的博士被分配到了一所研究所，成为那里学历最高的人。一天，博士到单位后面的小池塘钓鱼，正好单位的一位老同志也在。“听说他也就本科学历，我跟他有啥好聊的呢？”这样想着，他只是朝对方微微点了点头，没有说话。

过了一会儿，只见老同志放下钓竿，伸伸懒腰，“蹭蹭蹭”从水面上箭步如飞地走到对面上厕所。水上飘？不会吧？这可是一个池塘啊。博士瞪得眼珠子都快掉下来了，这是怎么回事呢？

难道这是一位江湖高手？等这位老同志上完厕所又从水面飘过来时，博士想过去好好问问，但想到自己是个博士，怎么能“屈尊”呢？

过了一会儿，博士也想去上厕所了，可这个池塘两边有围墙，去对面厕所非得绕10分钟不可，而回单位又太远，怎么办呢？他仍然不愿意去问那位老同志，憋了半天后起身往水里跨，心想：我就不信本科生能过的水面，我这博士就过不去！

只听“咚”地一声，博士栽到了水里，那位老同志赶紧将博士拉了上来，问他为什么要往水里跳，是否遇到了什么想不开的事情。博士吞吞吐吐了半天，反问道：“为什么你可以轻轻松松地走过池塘去上厕所？而我就掉水里了呢？”

老同志轻轻一笑，解释道：“这池塘里本来有两排木桩子，由于这两天下雨涨水，桩子被淹没在了水面下。我知道这木桩的位置，所以可以踩着桩子过去。你不了解情况，怎么也不问我一声呢？”

看完这个故事，你是不是会觉得这个博士很可笑呢？现实生活中，这样的人并不少见，他们一味地认为自己学历高，是最棒的，不必请教别人什么事情，一副得意扬扬、目中无人的样子。

学历再高，也不如上帝那般全能全知，高学历并不等于高能力。要知道，除了高层次的知识水平之外，人生还有很多没有经历过的经验与常识，实践才是检验真理的唯一标准，能够解决实际的问题才算是真正优秀的人才。

工作没有高低贵贱之分，只有谁能胜任的区别。一份搬运工作，初中毕业生可以做得顺顺当当，一个大学生则可能因为弱不禁风或者放不下所谓的面子而做不好。如此，你又有什么资本得意洋洋、傲视别人？

所以，当你拥有高学历的时候，不要得意洋洋、骄傲自满，学着静下心来，你会发现其实自己的学历并不能说明什么，更不代表你从此就有高人一等的能力。能力远远要比学历重要得多！

卡莉·费奥莉纳女士被称为“全球第一女 CEO”“最有权力的商界女人”，她曾先后在美国著名的大学拿到历史、哲学学士学位、企管硕士学位，但这些高学历都不是她最终成为惠普公司董事长兼首席执行官的必要条件。

刚进入惠普公司时，费奥莉纳负责的是秘书工作，她并没有因为自己的高学历而得意，而是清楚地认识到惠普是一家以技术创新而领先的公司，在这里学历代表着过去，只有能够跟上公司的步伐才能不断进步。为此，费奥莉纳总是非常关注技术行业，并注意经验的积累、能力的锻炼。

几年后，经验、能力等各方面已经成熟的费奥莉纳开始投身惠普的销售电话服务，拓展了公司的国际业务，并于 1995 年成功促成了惠普分拆朗迅科技，升为朗迅科技的全球服务供应业务部行政总监。2001 年，她又促使惠普与康柏公司达成一项总价值高达250亿美元的并购交易，成功出任新惠普公司首席执行官，成为道琼斯工业指数成分股企业中唯一的女性总裁。

对于自己的成功，费奥莉纳总结说："能力远远要比学历重要得多，这些年我不断地总结过去的经验，不断适应新的环境和新的变化，不断体会更好的工作方法和效率。不断学习是一个CEO成功的最基本要素。"

学历高不是你骄傲的资本，卡莉·费奥莉纳如何能从秘书工作做到首席执行官，并最终从男性主宰的权力世界中脱颖而出呢？答案不是她的高学历，而在于她不断学习、不断积累经验、不断提升自我能力。

高学历不是成功的必要条件，不是一个人得意的资本，更不代表你从此就有高人一等的能力。静下心来，在实践中不断丰富你的经验，提升你的能力吧！能够解决实际问题的人才算是真正优秀的人才。

不怕你有高学历，只怕你太过得意，静不下心来，让学历成为抑制能力的枷锁；不怕你没有学历，只要你能够不断地学习，不断地提升自己各方面的能力，你就能够成功。在现实当中去磨炼自己吧，是金子总会有发光的那一天。

真正的强者不屑倨傲

弱肉强食是大自然的规律，但做人切勿如此。有些人凭借自己官职大、地位高、钱财多等，往往在身份地位不如自己的弱者面前得意忘形，摆架子、显傲态，这是一种不尊重人的表现。

固然，人与人之间存在差异性：有的人事业风光，有的人下岗失业；有的人腰缠万贯，有的人贫困潦倒；有的人口齿伶俐，有的人木讷愚钝……但有句话说："你希望别人怎样对待你，你就应该怎样对待别人。"一个人若仗着自己身份地位高，心不宁静、心高气傲、得意洋洋、不尊重别人，是决不会得到别人的尊重的，只会招致别人的反感，自取其辱，让自己难以下台。

孙淼是一家汽车技术公司的工程师，他头脑灵活、手脚麻利，需要两个工程师做的事情，他一个人做起来却游刃有余，并时常做一些技术上的创新尝试，因此多年之后被公司提拔为身居要位的"老功臣"。

为此，孙淼感到很自豪，认为自己贡献大、地位高，有些飘飘然了。遇到公司那些"晚辈"的时候，他总是抬高头颈、背手踱步，一副高高在上的样子；当别人的工作出现问题时，他便会以前辈自居，用带有轻蔑性的语言指责对方：“那么容易的事情你也会出错？要是你能有我年轻时的一半聪明才智就好了……”

有一次做项目，孙淼的意见和几个同事不合，同事们都说应该那样做，他却坚持这样做。最后他不耐烦了，大叫道：“这种项目以前你们都没做过，有什么资格下结论？我经验丰富又怎么会出错呢？”大家看他这么说，也都不做声了，任他去做决定。后来，那个项目没有攻坚下来，不了了之。渐渐地，同事们谁都不愿意和孙淼一起工作了，有些人还讥讽他：“这刚上任几天呀，就真把自己当官了，还在公司耍大牌。”

一段时间后，公司组织全体工作人员进行互相评价的活动，令孙淼没有想到的是，自己居然得了最低分，“得意忘形”“目中无人”是人们对他一致的评价，他心里很不平衡：“我能力很出众，对公司贡献大，可为什么他们对我的评价这么差？”

孙淼仗着自己对公司贡献大，身居要职，便无视公司其他人，当别人受了几次难堪后，谁还愿听他以前辈自居的言论，欣赏他自以为是、盛气凌人的丑态，只会对他敬而远之、群起攻之，因此我们一定要引以为戒。

官职再大、地位再高、钱财再多又怎样？静下心来看待这一切，你会明白所有人的人格都是平等的，这世界上谁也不会比谁高贵多少，这些身外之物是微不足道的。即使你再高人一等，也没有盛气凌人的资本。

得意时静下心来，尊重身边的每一个人，无论对方职务高低、身份贵贱、贫穷富裕。只有这样，你才能够赢得别人的尊重和欣赏，赢得良好的口碑和人缘，最终赢得更大的成就。

在这一点上，季羡林先生为我们做了良好的典范。季羡林先生是我国著名学者，他才高八斗，曾是北京大学副校长，被奉为中国大陆的“国学大师”“学界泰斗”“国宝”。然而即便有了这么高的地位，季羡林先生也不会盛气凌人，反而和和气气的。有这样一则故事，完美表现出了季羡林先生的人格魅力。

有一年9月，新的学期开始了，大批学生从天南地北赶到北大。这其中，有一个外地的农村学生，他大包小包的东西很多。这些行李很沉，不一会儿他就累得气喘吁吁，便把行李放在路边休息一下。为了不耽误报到，这个学生想找一个人来帮自己看东西。不过看了半天，他发现过来的不是学生就是学生的家长。人们都行色匆匆地为报到的事情而忙碌，哪里有人有时间帮他看行李。

正当他不知所措时，路边走来一位老大爷，这位老大爷走路比较慢，看起来比较悠闲，不像是要赶路的样子，于是这个学生看到了希望，便抱着试一试的心情拜托这位老大爷帮自己看一下行李。没想到的是，老大爷爽快地答应了，还和和气气地告诉学生办手续的流程。当天北大的新生很多，那个学生办手续花了两个小时，他心想那位老大爷肯定等不耐烦已经走了，但回到放行李的地方却发现老大爷还在尽职尽责地帮自己看包，他感动地对老大爷说了很多感谢的话，老大爷谦虚了几句便笑着走了。

第二天开学典礼上，这位学生吃惊地发现，昨天帮自己看包的那个老大爷也在主席台上就座，原来他是北大的副校长——季羡林教授。从这以后，这位学生逢人便夸赞季羡林老师，并将之当成自己一生的偶像。

季羡林先生是学识渊博、才华横溢的大学者，但是他却不以此而自居，屈身为学生看守行李，还做得心平气和、恬淡安然，正是这种朴素而又伟大的人格魅力，使他获得了众人的尊重和敬仰。

所有人的人格是平等的，世界上谁也不会比谁高贵多少。而且，人生在世，权倾四方、威风八面不是成功，而性情恬淡和安然才是成功。静下心来，从高高在上的姿态中降下来，尊重你身边的每一个人吧。

山水其高深，无须解释

显露自己的能力是人性中一大特点，就像孔雀喜欢炫耀其美丽的羽毛一样。人有才能是好事，但如果因为自己才能出众而得意忘形、狂妄自大就不是什么好事了，只会让人心生厌恶，难以心悦诚服。

职场中，很多聪明能干的人，一朝得意最终失败，其致命原因通常是性格过于张扬霸道，恃才傲物，亲和力太少，摩擦力太多，结果造成“鹤立鸡群”的尴尬局面，成功对他们来说也永不可及。

大学毕业后，艾丽幸运地进入一家报社工作。艾丽本就是学中文出身，文采出众，再加上她精力充沛，对于领导交代的任务，每一次都能出色地完成，因此她总是将自己视为公司最有才能的人。

当别人的工作出现问题时，艾丽总会用夸张的语气说道：“不会吧，一篇社会新闻都写不好？”当别人指出她的方案有问题时，她第一个反应是：“那也没办法呀！因为我提出的方案通常都是最好的嘛，何况你们提不出比我更好的办法。”

日子一久，谁都不愿意和艾丽一起工作了。艾丽也意识到自己的孤立状态，可她认为问题不在自己身上，而是同事太忌妒她的才能，才会远离她。

艾丽自以为才高八斗、无人可比，因此作出“才”大气粗这样的举动实在可谓是自绝后路。卡耐基就曾指出：“如果我们只是要在别人面前炫耀自己，使别人对我们感兴趣，我们将永远不会有许多真实而诚挚的朋友。”

做人不可太狂妄，狂妄则遭人嫉恨，狂妄则阻碍进取。因此，如果你想避免人生遭受挫折的命运，就要学着让自己静下心来，忍住狂妄之心、收敛你的才华、放下你的身段是非常重要的一步。

更何况，山不解释自己的高度，并不影响它耸立云端；海不解释自己的深度，并不影响它容纳百川；地不解释自己的厚度，却没有谁能取代它承载万物的地位……一个人有多少本事，别人都看在眼里，不用自己张扬显示。

班克·海德是一位资深的女演员，她兢兢业业，演技精湛，为人谦虚。尽管年华逝去、青春不在，竞争对手也多了起来，但她凭借自己的努力，依然是演艺界众所瞩目的焦点，依然是新秀们竞相比较的对象。

有一次，班克·海德在纽约百老汇演戏，一位很有发展前途的年轻女演员极其傲慢地对她说：“你实在没有什么了不起的，我随时可以抢你的戏，这个世界已经不属于你了。”

班克·海德轻轻地笑了笑，对这位年轻女演员说：“我的确没有什么了不起，不过说句不谦虚的话，即使我不在台上也可以抢了你的戏。你要是不相信的话，我们不妨在今天晚上的演出见吧！”

当天晚上，大家都很兴奋，准备看两位优秀的演员如何飙戏。那位女演员身穿华丽的衣服，正在用夸张的语言、动作，演出一段电话对话；而班克·海德则表演了一段饮香槟酒的内容，然后把高脚杯放在桌边上，随即下场。高脚酒杯有一半露在桌外，随时都可能掉下来，观众既担心又紧张地盯着高脚杯，期待班克·海德快点儿出来将高脚杯放好，但她始终没有出现。那位年轻的女演员使尽浑身解数，也无法把观众的注意力吸引过来，只好在观众心不在焉的表情下演完这场戏。

不用说，这场演出，班克·海德依然大放光彩。

班克·海德并没有四处张扬自己的才华，更没有恃才傲物、狂妄自大，只是聪明地使用了一个透明胶布就将自己的表演才华展示于人，这充分体现了她和那种四处宣扬自己可以抢戏的年轻女演员显然不在一个档次上。

才华有助于一个人成就事业、创造辉煌，可是如果你不能完全控制它，过于狂妄，有些飘飘然，它有时就会变成你人生路上的拖累，能毁掉你的事业，往往还会给别人留下笑柄，给自己留下遗憾。

伴随着岁月无声地流逝，你已经积累了足够的才华，然而静下心来，你会知道自己拥有的微不足道，自己还停留在当初的出发点上。抑制住狂妄之心，继续埋头学习，你才不会迷失自己。

平衡内心的得意与欣喜

没有人不欢迎成功的到来，但成功之时也是最危险之时。这正如一句名言所说：“人生最关键处往往只有几步，稍不慎重就会走岔了路。人生一世，最得意之事莫过于功成名就，这是至关重要的岔口。”

这是因为，人性中有这样一个弱点：一旦在某一方面取得了巨大的成功，被各种荣誉、鲜花和掌声包围，心就容易变得浮躁起来、激动起来，人也变得飘飘然起来，甚至忘了自己是谁，以致做出一些愚蠢的事情。想来，人生遗憾之事，莫过于此。

因此，我们在平时要保持一种冷静理智的心态，成功时更要如此。让心静下来一点，跳出成功的“躯壳”看自己，我们会发现这点儿成功微不足道，不是我们得意忘形的资本。只是，很少有人能做到这一点。

作为“古今以来名将中第一奇人”，关羽是三国时期响当当的大英雄，他勇往直前、智勇双全、无人可敌，从温酒斩华雄初露锋芒，到后来过五关斩六将、诛颜良斩文丑名震天下，最后到了单刀赴会的盛名顶峰。

面对这些胜利，关羽无比陶醉、无比自信，可惜这种无限膨胀的自信使他变成一个不理性的人，他对自己的胆力和才能深信不疑、目空一切。比如，当刘备册封五虎将的消息传到荆州，关羽虽贵为五虎将之首，但是当他看到降将马超也在五虎将之列时，竟然拒绝领衔。随着刘备势力的不断扩大，吕布已经死了，关羽更是认为其他人不过是鼠辈、匹夫、小儿，自负到无可救药的地步。

在这种心态的引导下，关羽不顾刘备与诸葛亮的再三嘱咐，也不听谋士马良正确而中肯的建议，仅以少量弱兵留守荆州，认为“东吴鼠辈不足惧也”，放松了对荆州的守卫，结果导致荆州失守，败走麦城，最后被擒杀。

毋庸置疑，关羽一生大小征战百余次，大多攻无不破、战无不胜，他可谓是生活在鲜花和掌声中的英雄，可惜他的心不再平静，迷失了方向，陷入得意忘形的状态，太大意、太骄傲了，所以走入人生败局不可避免。

成功就仿佛登高者登上山巅之时，倘若自以为了不起而得意忘形，把持不住自己，昏头昏脑，一脚踏下去就可能坠入万丈深渊，而且爬得越高摔得越重。越成功的人，越需要心灵的平衡和寂静，学会跳出躯壳看自己。

那些在成功之时，能够保持自制、不慌不忙、沉着冷静的人，都能认识到这些成功微不足道，进而正确地判断局势，作出正确的决定。因此，这些成功便是恒久和坚实的，也是支持他们走向成功之路最大的力量。

1666年年初，艾萨克·牛顿创立了三大运动定律，有人赞誉他是力学之父、力学泰斗。在如此巨大的成就面前，牛顿却没有丝毫的得意忘形、自高自大，他说："我不知道在别人看来，我是什么样的人；但在我自己看来，我不过像是一个在海边玩耍的孩子，常常为发现一块比寻常更美丽的卵石或贝壳而沾沾自喜，而对于展现在我面前浩瀚的真理的海洋却全然不知。"

正是意识到还有浩如烟海的真理尚未了解，牛顿才从不满足地追寻真理，继续埋头于科学研究之中。孜孜不倦地深思了数年，他又发现了万有引力，甚至还在光学及微积分的研究上取得了历史性的突破，并在1687年将《自然哲学的数学原理》发表于世，为现代科学的发展奠定了基础。

鉴于这些特殊的贡献，牛顿得到了国际性的认可，被称为最伟大、最有影响的科学家。但是牛顿依然不沾沾自喜，而是说："如果说我能看得更远一些，那是因为我站在巨人的肩膀上。”

从牛顿这些广为人知、意味深长的话语中，我们可以看到这位伟大的科学家在成功面前沉着冷静、毫不骄傲自大的姿态，这也生动地道出了牛顿为永恒真理而斗争，并获得巨大成就的奥秘所在。

冷静是成功的“试金石”，是成功的必要因素。当手捧花环、万人簇拥的时候，跳出成功的“躯壳”，冷静地看待自己，越成功越要冷静，这将有力地促使我们去追求更大的成功，最终取得无人能及的辉煌。

于低处汇纳百川

一个人在工作或其他方面取得成就，迫不及待地想让他人知道，这是人之常情。但这种急于体现自我价值、想被他人认可的心态，很可能会导致心理上的自我抬高，引人走向失败，最终毁了我们自己。

一个年轻人千里迢迢来到法门寺，对住持释圆大师说：“我一心一意要学丹青，但走南闯北十几年，至今没有找到一个令我满意的老师。许多人都是徒有虚名，有的画技甚至还不如我呢。”

释圆淡淡一笑：“既然施主画技那么好，不如为老僧留下一幅墨宝吧。老僧最大的嗜好就是饮茶，可否为我画一个茶杯和茶壶？”

年轻人只用寥寥数笔就画出了一个倾斜的水壶和一个茶杯。那水壶的壶嘴徐徐吐出一脉茶水来，正注入那茶杯中。释圆大师看了，摇了摇头说：“你画得确实不错，只是把茶壶和茶杯放错位置了，应该是茶杯在上，茶壶在下呀。”

年轻人笑道：“大师为何如此糊涂？茶壶往茶杯里注水，哪能茶杯在上，茶壶在下呢？”

释圆大师说：“原来你懂得这个道理呀！你渴望自己的杯子里能注入那些丹青高手的香茗，但你总把自己的杯子放得比那些茶壶还高，香茗怎么能注入你的杯子呢？要吸纳别人的智慧和经验，首先要把自己放低。”

“总把自己的杯子放得比那些茶壶还高，香茗怎么能注入你的杯子呢？”无论取得了多么大的成就，我们都不应该自己抬高自己，而是要静下心来，时刻将自己放在低处，保持谦虚的态度。

当你静下心来，用谦逊的眼光看待周围的一切时，就会发现人外有人、天外有天，你将更清楚地看到自己身上仍然存在着许多不足，发现自己所取得的成就微不足道，同时也寻找到别人身上的优点。

有一句经典的话是："大海因为处于低处，才会汇集世间百川。同理，菩萨正因为不傲慢，佛陀有如百川般的功德才很容易融入菩萨的慧海。"圣贤尚且将自己放在低处，保持如此谦虚的态度，何况是我们呢？

在拥有财富、名声之时，千万不要沾沾自喜，认为自己很了不起，努力让心态保持平和，提醒自己还有很多比自己优秀的人，将自己放在低处，摒弃自家之短，博采众家之长，不断地充实自己、提高自己吧。

有些人之所以一直成为人们眼中的成功者，就是因为他们自始至终能够在成功面前静下心来，把自己的位置放在最低处，看到自己身上的缺点和不足，然后付诸行动，使自己更加完美。

梅兰芳是我国著名的京剧大师，不仅在表演上造诣精深，在绘画领域也成就非凡。成名之后，他不但没有放弃绘画，反而拜多位绘画大家为师，虚心向他们学习绘画技艺，齐白石就是他拜的绘画老师之一。

1913年，梅兰芳在上海首次演出时，萌生了向齐白石拜师学画的想法，并将齐白石请到书案前，拿出自己的画作请教指点。齐白石对梅兰芳的画大加称赞，梅兰芳却谦虚地说道："我愚笨，总是画不好，我很喜欢您的草虫，想学您下笔的方法，我真心拜先生为师学画，还请您应允才是。"

梅兰芳拜齐白石为师学画时，他在戏曲界的名气已如日中天，人们都认为他只是摆摆样子而已，哪还能潜心画画？就是齐白石本人也对他说："你这样有名，叫我一声师傅就是抬举老夫了，就别提什么拜师不拜师的啦。"

可梅兰芳坚持一定要举行拜师仪式，行跪拜大礼。他学画也特别认真，那一段时间里，只要不排练、不演出，不管刮风下雨，他都按时坐黄包车到齐宅学画，进门先向老师鞠躬问好，谦恭得像个小学生。

在跟随齐白石学画期间，梅兰芳勤奋用功，没过多久他的绘画笔法更加纯熟，画技日益提高。终于，凭着高超扎实的绘画技艺，他在绘画艺术领域取得了非凡成就。而且，他对齐白石恭敬至极，许多尊师勤学的言行都成为流传至今的佳话。

梅兰芳即使顶着"成功的花环"，也决不会做"珠光宝气"之"秀"，而是时时能够静下心来，将自己放在低处，在不断提高自己的过程中，使自己的人生得以升华，他这种谦虚的人生态度无疑是值得我们每个人学习的。

有一位作家说过："真正有大智慧和大才华的人，必定是低调的、谦虚的。才华和智慧像悬在精神深处的皎洁明月，早已照彻了他们的心性。他们的心境是平和的，灵魂是宁静的。"

不要以为自己什么都行，得意时静下心来吧，表现得谦恭一点，将自己放在低处。这正如开在尘埃中的花朵，多了一份无华的朴实，少了一份浅薄的喧哗，必然能够吸天地之灵气、集日月之精华。

记住，江海之所以能成为一切小河流的领袖，变得博大而精深，是因为它们善于处在一切溪流的下游。要想在激烈的竞争中获胜，没有什么比时刻把自己的位置放在低处，虚心学习别人的长处更重要了。

空杯心态

成功是一件可喜可贺的事情，但如果一个人太过沉浸于成功的荣誉、辉煌或掌声中时，必定会骄傲自满、目光短浅、安于现状、故步自封，结果弄得自己错失良机，一事无成，还容易迷失自我。

在实际生活中，我们看到不少这样的现象：有的人或者有的单位曾经很优秀、很杰出，后来却停滞不前甚至落后了。其中最大的原因就是这些人或者单位在取得一定成就后就故步自封，致使当初的成功变成了发展的包袱。

如何避免这种情况发生呢？我们需要静下心来，培养一种“空杯心态”。“空杯心态”的含义富有哲理，即一个装满水的杯子很难接纳新东西，如果想获得某方面的进步，需要先把自己想象成“一个空着的杯子”，而不是“一个装满水的杯子”。

说起空杯心态，下面有一个小故事。

很久以前，一个小有成就但心气颇高的年轻人去一座寺庙拜访一位德高望重的老禅师。老禅师接待他时，年轻人自认为各方面的造诣很深，言谈之间自然流露出对大师的傲慢无礼。

老禅师轻轻地笑了笑，但还是殷切地给年轻人倒茶水喝。可是在倒水时，杯子明明已经满了，老禅师依然不停地往里面倒水，结果自然是倒了一地。年轻人在一旁喊道：“大师，杯子里的水已经满了，您为什么还要往里倒水呢？”

老禅师由此说出禅机：“是啊，既然杯子已经满了，水怎么还能倒得进去呢？”禅师的言外之意是，既然你已经很有学问了，为什么还要到我这里来求教呢？

听罢，年轻人大悟，深刻认识到大圆满还需要“空杯心态”。

空杯心态就是时刻准备一切从头再来，随时对自己拥有的知识进行调整和处理，清空陈腐过时的旧知识。只有这样，我们才能为新知识的进入腾出空间，保证自己的知识不断得到丰富和更新。

每逢冬天到来的时候，许多树木脱掉茂盛的“装束”，变得光秃秃的，让人不免有些惋惜。然而细想之后，你就会发现，它们是在减少生命的负担，是在积蓄能量，等待拥抱下一个灿烂的春天。

空杯心态看似是一种一无所有，实际上却是一种更广阔的拥有，因为它赢得了可以无限发展的空间。正如一张白纸最大的优势是它的空白，有最大的自由可以让人去描绘，从而画出最新、最美的图画。

一个人拥有空杯心态的时候，他会时刻查找自己的不足，不断完善自我，进而能够接受更新的思想，让思维更加活跃、行动更加谨慎，时刻保持一种乐观的态度去应对新一轮的机遇和挑战。

贝利是20世纪最伟大的足球明星之一，被喜爱他的人尊为“球王”。他在20多年的足球生涯中，总共参加过1364场比赛，共踢进1282个球，而且创造了一个队员在一场比赛中射进8个球的纪录。

贝利超凡的球技不仅令亿万名观众如痴如醉，而且常常使球场上的对手拍手称绝。在他个人进球纪录满1000个时，有记者采访他，这样问道：“在这1000个进球中，您认为自己哪个球踢得最好？”

贝利的回答耐人寻味，就像他的球艺一样精彩绝伦，只见他淡淡地回答道：“下一个。”

在巨大的成功面前，贝利没有骄傲自满，而是静下心来，将以前的成功放到一边，敢于向自我挑战。换句话说，因为拥有“空杯心态”，贝利才一次次站在了新的起跑线上，创造了足球场上的一个又一个奇迹。

因此，在成功面前，我们要学会静下心来，将心里的“杯子”倒空，别被那些成就、经验、利益、学识等东西束缚了自己，相信我们定能不断发展，创造新的辉煌，在成功的道路上越走越远。

静下心来，将心里的杯子倒空，是一次去陈换新、删繁就简的重新定位。在此期间，我们的思维将更加活跃、行动将更加谨慎，进而焕发出蓬勃向上的朝气，迸发出勇往直前的拼劲，打造出无所不能的人生。

第七章

静心积淀，厚积薄发终有时

得意淡然，失意坦然。

起起落落是人生的主旋律，很少有人能够一生旅途平坦。

失意时，毋庸妄自菲薄，须冷静评断对与错；

毋庸顾影自怜，须知得意之人多，失意之人更多。

那些人情冷暖、世态炎凉也不过是过眼云烟，

厚积薄发才应是心中所求。

低处的沉淀

几乎每一个职场之人都想一开始工作就得到高薪高职，但这并不是人人都能如愿的，总有些人会得不到赏识、重用。这时，有些人会顿感失意，觉得自己一无是处，进而对自己的能力产生怀疑，不思进取，甚至懦弱和畏缩。

人才就怕在看似不被重用的日子里自怨自艾、自暴自弃、不求上进、虚度年华，浪费人生的大好时光。否则，当某一天机会降临到自己头上时，你恐怕连可以亮出的资本都没有了。

小王进入一家电器公司后，只是担任一名普通的技术开发人员。小王认为凭借自己的能力可以做高级技师，便试图努力展示自己的才华，但由于种种原因，他一直没有得到足够的重视，于是他开始不求上进，整日混日子。

一天晚上，小王独自在酒吧喝酒，无意间遇到了老板，两人便坐到一起喝起酒来。几杯酒下肚，小王的胆量大了起来，不禁将自己心中的不满说了出来："老板，说句您不爱听的，是不是所有的老板都像您这样，很难发现员工的潜能和长处，让下属们找不到施展才华的机会？”

老板没想到自己竟然给小王留下了如此的印象，想想也是，小王在公司里工作了将近4年，也是公司的老员工了，可在待遇上并不比一般公司所给的高。于是，一个星期后他适当地提拔了小王，并信任地将一项重要的任务交给了他。

因此，小王很高兴地接受了，他原本以为现在获得了更大的施展抱负和才华的空间，自己一定能够大展拳脚、有所作为，不料那些原本已经学到手的高端技术由于长时间荒废已经忘得差不多了，他只好向老板请示给自己一个比较简单的任务。

老板不免有些疑惑，询问原因，小王支支吾吾地也没说出个所以然来。

由此可见，在不被重视和重用的时候，如果一个人不能坦然自若地面对，不能沉下心来好好做事，终究只能让自己局限于过去的捆绑中不得前进，即使是个杰出人才，也难以得到更大的发展舞台。

事实上，不被重视和重用不是关键的问题，并不能代表自己一无是处，关键还在于你个人是怎么去想、怎么去做的。如果你能够静下心来，坦然自若地面对这种失意，就会发现自己身上有很多可用之处。

没有一条路平整到毫无坑洼，但我们却不能因为坑洼而拒绝前行；没有一片土地平阔到没有低谷，但我们也不能因为低谷而放弃大河山川。静下心来发现自己的优点，积弱图强，守弱保刚，这就为将来的大作为做好了准备。

的确，那些取得较大成就的人，没有一步登天的本领，也并不是一开始便居于高位，关键是他们在不被重用与重视时能够静下心来检视自己，发现自己的优点，自己重用自己，沉下心来好好做事，最终厚积薄发。

芸芸是上海某名牌大学管理系的高才生，毕业后被一家外贸公司录用。刚一开始，上司只分配芸芸做文员，每天的工作就是整理、撰写和打印一些材料。深感不被重用的芸芸很是失意，满腹牢骚，哀叹不已，在工作中明显浮躁了很多，表现得非常不认真。

看着自己整日无精打采的可怜样子，备感失意的芸芸问自己："难道我的能力只能做些零碎而烦琐的工作吗？"不！一向不服输的芸芸摒弃了那种悲观的想法："我思维缜密、善于分析，我还有这么多的优点呢。"

接下来，芸芸决定改变自己，开始很认真地对待工作。由于整天接触公司的各种重要文件，又学过有关财政方面的知识，细心的芸芸发现公司的一些财政运作存在着问题，便开始搜集关于公司财政方面的资料，将这些资料分类整理，并进行分析，提出建议，最后一并打印出来交给了老板。

老板详细地看了一遍这份材料后，惊异于芸芸如此年轻就有这么精明的理财头脑，而且分析得井井有条、合情合理。后来，每次开会时，老板都会征询芸芸的意见，并让她参与决策，对她十分倚重。不到一年的时间，芸芸被调到了总经理办公室担任助理，她的职业生涯也从此蒸蒸日上。

芸芸之所以获得比他人更多的成功机会，是因为她一开始就得到了重用吗？不！在不被重用的时候，她能够静下心来检视自己，寻找到了自己的闪光点，合理地去开发自己，进而在人生的矿藏中开采出了“金子”。

据悉，犹太人是世界上最富有的人，但他们的成功不是天生的，他们大多是从最底层的工作开始做起的，有的做过卖报童，有的做过小商贩，还有的做过电焊工。他们的一大共性是：不管从事多么平凡的工作，都清楚自己身上是有优点的，重用自己，进而在平凡的工作中取得了出色的成绩。

“一些树之所以能长成参天大树，是因为它们把根深深地埋入了土里。”得不到赏识、重用时，千万不能焦虑抱怨、自暴自弃。在等待的时间里，要更加努力地去充实自己，提高自己的能力。

当有一天你有足够的能力担任重任时，新的机会和新的岗位自然就向你走来。因为在老板的心目中，你已经变得不可替代了，那个时候你还会有“怀才不遇”的失意吗？因此，为了那一天的到来，请此刻就做好充分的准备。

“我已经够好了”

你有没有过这样的感受？清晨，你站在镜子前面，仔细端详着自己的脸庞，一会儿觉得眼睛小了点儿，一会儿又觉得鼻子不够挺拔；你又觉得脸上的毛孔太过粗大、脸庞不够小巧、嘴唇不够性感、身材不够迷人……

相信不少人有过这样的想法，总认为自己不够好、处处不如人，于是自惭形秽、悲观失望，乃至自卑自怜、自暴自弃，不能够从容地与人交往，更不能出色地发挥自己的才华。

实际上，每个人都有自己的优势，同样也不可避免地有自己的不足，但是这并不能够成为我们失意的借口。正如美国总统罗斯福的夫人艾莉诺·罗斯福所说：“没有你的同意，谁都无法使你自卑。”如果你想掌握人生主动权，那么当你对自己有不满感、失意感和自卑感时，请静下心来认真地检视自己，找到自己的价值所在，并且学会对自己说：“我已经够好了！”

曼莎太太从小就是个怕羞的人，因为她认为自己哪里都不够好，臃肿的身躯，加之一张圆圆的脸，让她看上去显得笨极了。

因为自卑，曼莎太太很少与同龄人一起相处，也很少参加聚会，她常常觉得自己不受人欢迎。

后来，曼莎太太嫁给了一个比自己年长几岁的男人，婆家是个平稳而自信的家庭，他们的一切优点在她身上似乎都无法找到。曼莎太太总想尽可能地做得像他们一样好，但她就是做不到，不是表现得太活跃，就是感到无比沮丧。她认定自己是个失败者，变得喜怒无常，甚至想到了自杀。

但是，曼莎太太没有自杀，反倒真的像变了一个人。这一切都源于她与婆婆一次偶然间的谈话。婆婆在谈到自己受人欢迎的经历时，对曼莎太太说道："你虽然不够活泼，但你温柔体贴、善解人意，你已经够好了，你有什么不开心的呢？"

这句话就像一道阳光，照亮了曼莎太太的心。她终于知道，自己不快乐是因为一直以来不懂得欣赏自己。于是，她开始观察自己的特征、寻找自己的美丽，结果她发现自己很细心、很有耐心。

过了一段时间，曼莎太太终于发生了变化，感到快乐多了，越来越多的人开始喜欢她，这是她以前做梦也想不到的。此后，她还把这个经验告诉了自己的孩子们："知道吗？你已经够好了。"

在这个处处充满竞争的社会，那种自怨自艾、柔弱无助的人已渐渐失去了市场。失意时永远不能把自己当作一只破罐子、一块烂桌布，随心所欲地抛弃，而应把自己当作上帝一样供奉在高高的神殿之上。

静下心来，时常对自己说“我已经够好了”，这实际上就是对自己的尊重与认可，也是成就自己的前提条件。用自信心做后盾，学会自我拯救和自我完善永远是最重要的，也是赢得别人欣赏的方式。

回想一下，你没有高大的身材，但渊博的学问也能让你看起来更高大；你没有美丽的容颜，可是有动人的声音，声音同样可以让你受到瞩目；你不擅长演讲，但你很善于倾听，后者同样是一种让人欣赏的好习惯……

由此可见，你其实也是有优点的，你已经够好了。

这样做了之后，对待生活和工作时你便能够面带笑容、神采奕奕、朝气蓬勃、信心百倍，脸上永远泛着自信的光芒，并且能够用热情感染周围的人，扫去别人脸上的阴霾，化解别人心中的苦闷。

对自己说已经够好了，似乎会被不少人认为是自以为是、孤芳自赏。其实不然，这能让我们更加清楚地认识自己的优点、肯定自己的价值。一个有价值又有自信的人怎么会被失意打败呢？每天信心十足地生活有何不好？

出生时由于医生的疏忽，中国台湾的黄美廉女士脑部神经受到严重的伤害，自幼就患上了脑性麻痹症，以致面部、四肢肌肉都失去了正常作用。她不能说话，嘴还向一边扭曲，口水也止不住地往下流。但是黄美廉女士快乐地用手当画笔，画出了加州大学艺术博士学位，也画出了自己灿烂的生命。

黄美廉的成就，一般正常人都很难达到，更何况她是一位重度的脑性麻痹患者，但是她看起来始终是那么快乐。她到底有什么秘诀呢？黄美廉到处举办自己的画展，现身说法，将这个秘诀告诉了人们。

一次演讲会上，有个学生直言不讳地问她："请问黄博士，您为什么这么快乐呢？您从小身有残疾，您是怎么看待自己的？有没有过别样的想法？"对一位身有残疾的女士来说，这个问题是那样的尖锐而刻薄，但黄美廉朝这位学生笑了笑，转身用粉笔重重地在黑板上写下一句话：我怎么看自己？因为我知道我已经够好了！

接着，黄美廉又在黑板上龙飞凤舞地写道：

1. 我很可爱！

2. 我会画画、会写稿！

3. 我的腿很美很长！

……

顿时，台下传来了雷鸣般的掌声。

在常人看来，黄美廉女士失去了语言表达能力与正常的生活条件，更别谈什么前途与幸福。但是，黄美廉女士并没有因此自暴自弃，而是努力地发现自己的优点，认为自己已经够好了。正是这种自信，带领她走出了失意感的困扰，她重新有了对生活的热忱和积极的心态，也散发出高贵的生命气息。

静下心来，时常对自己说：我已经够好了，就有了坚定的自信心，也就有了战胜各种困难的能力。试想，如果黄美廉没有那样做的话，那么她很有可能在半路上自暴自弃，恐怕黄美廉这个名字就鲜为人知了。

时常对自己说“够好了”远比对他人说重要，这需要更多的胆识和勇气，需要具备更加锐利的眼光与更大的耐心和毅力。如此，相信你定能合理地规划出自己的人生轨迹，坦然地面对生活中的纷繁与琐碎，打造出更精彩的人生。

时常对自己说已经够好了，认识自己的优点，肯定自己的价值，如此一个有价值又自信的人怎会被失意打败呢？

当行则行，当止则止

在实际生活中，很多人面临过这样一种困惑：同样一件事情，为什么别人做得顺风顺水、洒脱自如，自己却力不从心，甚至步履维艰？在你为此感到失意之时，请先问问自己是否在做自己能做的事？

每个人在做事的时候都会有自己的极限，即最大的承受能力。人不是因为做了最大的事情而辉煌，而是做自己能做的事，如此成功便不再复杂，人生便不再纠结。这正印证了一句话——“英雄就是做他能做的事”。

有一位登山运动员曾经有幸参加了攀登珠穆朗玛峰的活动，珠穆朗玛峰的最高海拔为8844.43米，当爬到海拔6400米的高度时，他的身体出现了严重不适，不得不停下来，返回了基地。

事后，许多朋友都替他感到惋惜，很多人说：“已经走了3/4的路程了，你为什么要放弃呢？如果能咬紧牙关挺住，再坚持一下，或许也就上去了。要知道，有多少人梦寐以求站在珠穆朗玛峰上啊。”

可是这位运动员却不以为然，平静地说：“不，我自己最清楚，6400米的海拔高度是我登山生涯的最高点，如果我再攀登的话，可能就会丧命。所以，对此我一点儿都不感到遗憾。”

对于这位登山运动员来说，6400米就是他的极限和最大的承受能力，就是他攀登生涯中最高的高度。他懂得保存自己的实力，淡然自若地只做自己能做的事。谁又能说，他不是一位真正的英雄呢？

当我们在成功路上屡屡摔跤，对某件事情力不从心、备感失意的时候，我们不应该悲观失望、自暴自弃，而是应该静心沉思，

是不是我们为了标榜成功而挑战了自己的极限，做了自己无能为力的事情？

要知道，自然界里的喷泉高度不会超过它的源头。挑战自己的极限，只会得到英雄主义般的“悲壮”，只会在成功的路上屡屡摔跤，自信心就会渐渐泯灭，人也会在永久的卑微和失意中沉沦。

为了应对自然界的种种挑战，动物们创办了一所超级技能学校，以便让所有动物都精通奔跑、爬树、游泳和飞行等生存技能。第一批学员是鸭子、兔子、松鼠以及泥鳅，它们需要学习所有的科目。

鸭子的游泳顶呱呱，甚至超过了老师的水平，飞行成绩也不错，只有跑步最差，因此鸭子每天不得不放弃心爱的游泳项目，腾出时间练习跑步。可鸭子的脚蹼不堪粗糙地面的摩擦，严重受伤，游泳成绩大受影响。

兔子善跑，在刚开学时是班里跑得最快的，但是对游泳这项科目，它感到非常吃力。由于在游泳科目上有太多的作业要做，它不得不整天泡在水里，在无数次补考游泳之后，终于精神失常。

松鼠的爬树成绩一向是班里最出色的，但对飞行感到非常沮丧。可是，飞行老师却非要让它反复练习从地面飞到树上，高强度的练习害得松鼠腿部肌肉受伤，结果爬树也成了问题。

学期结束时公布成绩，普普通通的泥鳅同学由于游泳还马马虎虎，跑、跳、爬的成绩一般，还能勉强跳一点儿，因此它的总成绩在班里最高。毕业典礼那天，作为全校学员的唯一毕业生，它在大会上发了言。

这就是美国教育家里维斯博士所写的寓言故事《动物学校》。看到鸭子学跑步、兔子习游泳、松鼠练飞翔……你会不会觉得很滑稽？会哑然失笑？但是，你想过吗？你可能就是它们其中的一员。

你或许是一名技术型的员工，不懂管理，但你却忽略了自身的优势，一心向往行政职务上的升迁，那么即使你在这方面再努力，进步也是非常慢的，很难得到公司的提拔。即使你真的有幸被提拔为管理人员，你的能力也很难适应新岗位，做不出理想的业绩，迟早会退下来。

由此可见，静下心来检视自己，承认自己的能力和局限，你会知道自己能够做成的事情，然后量力而为，让自己有限的生命发出适度的光和热，你就能从自我否定的状态中获得解放。

我们来看一个真实且形象的例子。

安德鲁·伯利蒂奥是一家建筑公司的老板，他的梦想是打造一支精英团队，把这家公司推上业界数一数二的位置。为此，他把大量的时间用在设计和研究上，还管理着公司很多方面的事务。

可是，安德鲁的努力似乎并不奏效，他所设计的作品质量常常不尽如人意，客户并不买账，公司业务十分糟糕，更别提取得令人骄傲的成绩了。安德鲁感到很失望，开始怀疑自己的能力了。

后来，一位教授告诉他:“做你能做的事情就可以了。”

“做你能做的事情就可以了。”就是这句话给了安德鲁很大的启发，他开始了对自己的思考：自己根本不善于管理，却把很大一部分时间和精力都浪费在管理那些乱七八糟的事情上。这样做实在一点儿好处也没有，反而会制约目标的实现。

安德鲁大梦初醒，洒脱地把公司的管理工作交给了手下，自己则把时间和精力集中在设计工作上。不久，他写出了《建筑学四书》，此书至今仍被许多建筑师奉为“圣经”，他成功了。

综合安德鲁·伯利蒂奥的经历我们可以看出，他之所以能够取得成功，是因为后来专注于自己能做的事情上，量力而为，结果获得了很大的成功，内心也渐渐地不再被失意所困扰。

当行则行，当止则止，每个人都应该及时了解自己的能力和局限，并且承认自己的能力和局限，做到量力而为。只做自己所能的人才会取得不俗的成绩，获得“个性化”的成功。

正在休眠的巨人

也许，你的人生此刻走进了一条“死胡同”，事业似乎已经到达了巅峰期，再怎么努力也不会再有进步，高薪高职的机会也不会靠近。你是不是在悲叹自己没有能力，好运也不曾降临？

其实，无论人生有多么失意，你也并非一无所有，因为你还有最大的成功资本——潜能。何为潜能呢？潜能是蕴涵在我们体内的能量，它的力量巨大得难以估计，不过它是一个处于休眠状态的巨人。

如果你无视潜能的存在，不懂得开发潜能的力量，那么潜能就会一直处于休眠状态，如此一来，你就无法利用它的巨大力量，所取得的成就只能是有限的。再过 10 年你仍会停留在原地，无法前进，失意自是难免。

知道了这个道理后，失意时不必自怨自艾、黯然神伤，不妨让自己静下心来开始一次探寻自我的旅程，感受自己体内的潜能，唤醒它、不断地挖掘它，那么展现在你面前的便是拥有无限可能的生活。

回顾历史，我们会发现那些大有成就的风云人物之所以能从

平庸走向卓越，之所以能够取得令人瞩目的成就，并不是因为他们受到多少好运的眷顾，而是他们能够静心与自己的潜能对话，使潜能得到了充分的开发。

1970 年，31 岁的柴田和子踏入保险界。

1978 年，柴田和子创下了在一年之内发展 804 位业务员的惊人业绩，首次登上了保险界“日本第一”的宝座，此后一直蝉联了 16 年日本保险销售冠军，荣登“日本保险女王”的宝座。

1988 年，柴田和子创造了世界寿险销售第一的业绩，并因此打破吉尼斯世界纪录，此后逐年刷新纪录，至今无人打破。她的年度成绩能抵上 800 多名日本同行的年度销售总和，是营销精英分子们心中的“顶级大姐”。

从 1995 年起，柴田和子担任日本保险协会会长，但业绩依然不衰，早已超过世界上任何一个推销员。在全球寿险界，谈到寿险销售成绩的时候，人们常常说“西有班·费德雯，东有柴田和子”。

而在踏入保险界之前，柴田和子当了 4 年的专职家庭主妇，哺育两个幼儿，一家四口挤在两间租来的只有 6 个榻榻米和 3 个榻榻米的房子里，生活也因为只有丈夫一人维持而陷入捉襟见肘、寅吃卯粮的赤贫状态。

提到自己的成功经验时，柴田和子说:“要成为一个成功的行销人员，就要有‘欲望’，有‘为者亦若是’的欲望、‘这个月要达到这个目标’的欲望、‘要成为众人楷模’的欲望，然后是‘要满足欲望’的欲望。”

在这里，柴田和子的这些欲望就是一种唤醒潜能的方式。当柴田和子不懈努力、奋发图强、全力以赴地实现自己的目标时，她的潜能被彻底地唤醒并激发出来，最终创造了销售奇迹，这正是潜能的秘密。

试想，如果手抱稚子、身处恶劣环境的时候，柴田和子继续做一个平庸的、失意的家庭主妇，她的潜能势必得不到有效开发，那么她还能极具感染力并走上最终的成功吗？答案不得而知。

诚然，潜能的力量是巨大的，但是唤醒潜能有着相当大的难度，因为它需要突破的是隐藏在自己内心的自我围墙，是要在自我与环境中摸索出突破的方向，不做一番努力是无法达到的。

辛普森出生于旧金山的贫民区内，父母离异，家境贫寒。6岁时，他突然得了小儿软骨病，双腿必须用夹板夹牢。因为支付不起药费，用来支撑的夹板是由他家人做的。病痛加上长期的夹板作用，辛普森的腿逐步萎缩，双脚向内翻，小腿很细，而医生认定他的人生毫无前途可言。

一日，辛普森偶然结识了旧金山飞人棒球队的运动员威利·梅斯基，他萌生了当运动员的想法。但是，母亲却说这是不可能的。的确，辛普森双腿的肌肉萎缩，根本不是当运动员的料。

不过，辛普森并不这么认为。

为了帮助家里挣钱，也为了锻炼腿部的肌肉，辛普森开始工作了。他到街上去卖报，到池塘去打鱼，到火车站帮别人装卸行李，在一家商店做售货员，一有时间还到附近一所中学练习打橄榄球，其间的辛苦可想而知。每天晚上回到家后，辛普森需要给腿部按摩半个小时才能感觉舒服一点。

“谁说我的人生毫无前途可言？不试怎么知道自己不行，我相信我能行！”辛普森时常这样告诉自己。他不畏惧困难，艰苦训练，随着腿部肌肉的恢复，他的技术越来越好，后来竟表现得不同凡响，一时间成了全美国最杰出的棒球运动员之一。

出生在贫民窟、身患疾病，却能够成为杰出的运动员，并赢得万人的瞩目与喝彩，辛普森经历的辛酸、付出的努力可想而知。当然，潜能也赋予了他无穷的力量，帮助他克服万难、勇往直前。

不必惧怕穷困潦倒，不必忧心处世艰难，更不必自怨自艾、黯然神伤。失意时不妨静下心来，挖掘蕴藏在我们体内的力量，来一次探寻自我的旅程，如此迎接你的将是凤凰涅槃般的重生。“会当凌绝顶，一览众山小。”人生如此，该是何等的洒脱、何等的惬意。

总有一点比他人强

造物主在创造每个人时，给予了其独一无二的、别人无法替代的天赋，注定你会是某个领域的“佼佼者”。无论你的生活多么失意，永远不要忘记你一定要守护自己的优势，正如西德尼·史密斯所说：“永远不要丢开自己天赋的优势和才能。”

“三百六十行，行行出状元”，通向成功的道路有许多条，在不同领域、不同行业，人们取得成功所需要的才能和智慧是不一样的。许多人之所以能够成为所在领域的佼佼者，秘诀正是发现和发展了自己的特长。关于这一点，奥运会金牌得主、美国著名的跳水运动员格雷格·洛加尼斯最有代表性。

格雷格·洛加尼斯小时候是一个非常害羞的男孩，又有点儿口吃，他在阅读与讲话方面不尽如人意，还曾被归入学习最差学生的行列。为此，他经常受到同伴的嘲笑和捉弄，这令他心里很不愉快、很是失落。

不过，洛加尼斯是一个聪明的人，知道自己的天赋是运动，而不是学习。认清这一点后，他决心集中精力到自己的特长上，展现自己的运动天赋。基于自身的天赋和努力，洛加尼斯果然开始在各种体育比赛中崭露头角，赢得了老师和同学们的尊重。

后来，在一位前奥运会跳水冠军的指点下，洛加尼斯接受了跳水专业训练。经过长期的努力，他终于在跳水方面取得了骄人的成就：16 岁成为美国奥运会代表团成员；28 岁时已获得 4 枚奥运会金牌、5 枚世锦赛金牌和 3 个世界杯冠军；1987 年作为世界最佳运动员获得欧文斯奖，达到一个运动员荣誉的顶峰。

尽管在学业上的表现不甚理想，但聪明的洛加尼斯发现自己的天赋在游泳上，并以此获得了辉煌的成就。可见，好钢要用在刀刃上，找准自己的天赋，充分发挥自己的优势，个人价值才能得到最大的体现。

我们所处的职场就是一个大的战场，每个人都想从这个环境中脱颖而出，而我们需要做的就是找到自己的天赋，施展自己擅长的本领，将之作为前进的利器，拼杀出一片属于自己的天空。

不用怀疑，你是某领域的“佼佼者”。不过，由于天赋是一种对特定领域的天生的敏感性，我们需要对自身性格、个人能力、专业技能、思维能力等进行全面考虑，因此往往需要长时间的摸索和尝试。

杨娇娇是某外贸公司的秘书，她善解人意、为人随和，对待工作也尽心尽力，但却非常不喜欢坐办公室，只要超过一个小时她就如坐针毡，因此她深感做秘书工作的不快和吃力，经常朝家人发脾气。

后来，杨娇娇决定换一份工作，便打算向老总提出辞职请求，但一想又觉得这家公司在业界非常有威望，而且自己当初是经过层层面试才进来的，要是这么走掉就可惜了。想来想去，她决定在公司内部调换一份新工作。

做什么好呢？杨娇娇开始留意自己的能力，发现自己思维缜密、善于分析，而且乐于与人交往，便大胆地请求老总将自己调到了销售部。果然，杨娇娇应付自如，工作做得非常出色，赢得了不少顾客的称赞，职位和薪水也得到了提高。

由此可见，找到自己的天赋，并将之运用起来，你的内心会充满愉悦和快乐，也就可以比较轻松地做出一番成就，找回自信的感觉，获得众人的认可和欣赏，人生道路也会越走越宽阔。

现在就静下心来想一想：你的天赋是什么？有一种很简单的判断方法供你参考。比如，当你看到别人做某件事时，你心里是否会有一种痒痒的召唤感——“我也想做这件事”；当你完成一件事时，你是否会有一种满足或欣慰感；你在做某类事情时，是否非常快、无师自通。以上这些都是你在这方面有天赋的表现。

造物主在创造每个物种的时候，给予了每个人独一无二的、别人无法替代的天赋。失意时静下心想一想：你的天赋是什么？找对自己的位置，施展你所擅长的本领，给自己一个正确的人生跑道，最大限度地发挥自己的优势，你就有可能成为某个领域的佼佼者，成功自然也就是瓜熟蒂落、水到渠成的事。

不完美也是人生的一部分

生而为人，我们总是希望把任何一件事情都做得完美无瑕，会担心自己做得不够好而心生愧疚，也不希望关心我们的人会因此对我们感到失望；不允许自己犯错误，惴惴不安，一旦犯了错，会不断地责怪自己……结果，我们时常感到失望和沮丧，精神和肉体都经受着极大的折磨。

明明自小成绩优异，四五岁时，当同龄的孩子还在玩泥巴的时候，他就和大人们神侃时事、闲聊明清，被称为“神童”。或许是因为自小建立起来的骄傲感，他做事憧憬完美，一道数学题算 3 遍确认无误了才放心；英语历来是优势科目，但是往往也得不了满分，而只能得到 95 分左右，所以他拼命想考 100 分……

一直被追求完美的心态禁锢着，明明尽管在学习上出现的错误很少，但他的学习效率也是很低的，成绩并没有多么优秀。他渐渐地感到力不从心，压抑、焦虑的情绪把他压得喘不过气。

事情刚开始进行就担心干得不够漂亮，辗转反侧，惴惴不安，这就妨碍了我们全力以赴地去行动，而一旦进行得不顺利又会异常灰心、焦灼不安。长此以往，这种心态让自己越来越失落、越来越缺乏自信。

世界上没有十全十美的人，也没有十全十美的事，何必这样呢？静下心，把心放宽些，换一种心态，或许就会有另一片天地。你会发现，当你不追求出类拔萃，只是希望表现良好时，你的能力会出乎意料地好，会享受到鲜花和掌声带来的满足感。

美国前总统富兰克林·罗斯福是一位杰出的领袖，当有记者向他请教成功的秘诀时，他曾坦然地向公众承认道："如果我的决策能够达到75%的正确率，那就达到了预期的最高标准了，我就很满意。"

事事追求完美是一件痛苦的事，它就像是毒害我们心灵的药饵，让我们在痛苦和纠结中浪费时间和精力。就像罗斯福这样，与其用100%的完美折磨自己，不如静下心来好好看看自己75%的实际能力。

我们可以接近完美，但不可能达到完美。这种观念，在我们头脑中必须牢固确立。允许自己犯一些错误，设立的目标实际一点，你会发现，自己会更有信心，也更有能力和创造力，如此也就很少会感到失意。

世界顶尖高尔夫球手博比·琼斯是唯一一个赢得高尔夫"年度大满贯"（包括美国公开赛、美国业余赛、英国公开赛及英国业余赛）的人，被称为美国高尔夫史上最优秀的业余选手。

在博比·琼斯高尔夫球员生涯的早期，他总是力求每一次挥杆都完美无缺。当他做不到时，他就会打断球杆，破口大骂，甚至愤慨地离开球场。他这种脾气使得很多球员不愿意和他一起打球，而他的球技也没有得到多少提高。

后来，博比·琼斯渐渐了解到，一旦打坏了一杆，这一杆就算完了，但是你必须尽力去打好下一杆。静下心来，调适好心态后，他才真正开始赢球。对此，他这样解释说："要对每一杆有合理的期望，而不是寄希望于非常完美的挥杆成就，你会发现自己的表现率良好、稳定，如此也就更容易取胜。"

不完美是人生的一部分，没有人不犯错误。这是一个事实，我们越早接受这一事实，就能越早地向新目标迈进。所以，失意时我们必须静下心来，放弃完美，踏踏实实地尽己所能，也就可以问心无愧了。

换一句话说，不正是因为有了不完美，人们才有了追求和奋斗的目标吗？倘若一个人苛求件件事情都那么完美，从某种意义上说也是极其可怜的，因为他再也无法体会有所追求、有所希望的幸福感了。

2010—2011 年全国女排联赛决赛，广东恒大和天津女排的决赛场上，女排老将冯坤率领的恒大女排在 2:0 领先的大好局势下，从第三局开始逐渐被天津队抑制，连输3局，最终以2∶3与冠军擦肩而过。

“打到最后一分，我觉得我们还是有赢的可能。”说这话时，坚强的老队长有些哽咽。对于冯坤来说，她拿到过奥运会冠军、世界杯冠军，所以最大的希望就是能够在中国最高水平的联赛中再拿一枚金牌，但这个梦想看来又要推迟了。

在随后的新闻发布会上，原本打算退役的冯坤有些黯然：“今天大家发挥也很好了，也有机会赢，只是没拿下来。”正是这一次不完美的比赛结果，刺激了冯坤下个赛季继续征战的愿望，她说：“我希望下次能够打好。”

没有获得全国女排联赛冠军，老将冯坤的排球生涯似乎有些不完美，但正是这种不完美，激起了她继续奋斗的斗志，而这必将又会给她带来人生的转机。

由此可见，事情不完美不是失意，而是另一个方向上的成就，是另一种意义的收获。我们每个人的一生中，总是或多或少地会留下一些不完美。我们无须为此失意，只需看到自己的努力，体会背后的动力。

总之，任何事情都不会完美无缺，我们可以追求卓越，但不必事事都有好的表现。如此，你会发现自己有机会去发觉自己真正的价值，有机会去了解真正的自我，循序渐进地去摘取成功的桂冠。

第八章

静心取舍，心镜空明无彷徨

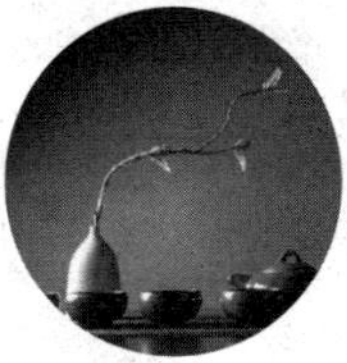

一个选择决定了一样获得、一样失去。

一个选择也决定了一种方向，甚至是一种人生。

所以，选择时需要静下心来，心镜空明，

这样才不会惊慌失措，不会徘徊迷失，不会彷徨不定，

能够以最清明的思绪作出合理的选择。

做自己的独一无二

有一位哲人说：“对于这个世界来说你是全新的，以前从没有过，从天地诞生的那一刻一直到现在，都没有一个人跟你完全一样，以后也不会有，永远不可能再出现一个跟你完完全全一样的人。”

遗憾的是，我们周围的很多人却不懂得这个道理，他们认识不到自己独一无二的地位，不知道自己内心到底要追求什么，只好亦步亦趋地效仿他人的样子，就连言谈举止、说话腔调都要模仿别人。

结果呢？自我的价值被否定了，成了一个盗版的别人，内心一直处于迷惘之中，这正是很多现代人心累和失败的根源。难怪教育学家安古罗·派屈说：“世上最痛苦的事，莫过于想做其他人，或者除自己以外其他的东西了。”

艾丽莎身材高挑，脸上带着可爱的婴儿肥，给人的感觉既美丽又亲切。因为出色的容貌和身材，她被好莱坞一个资深经纪人相中，经纪人推荐她去参加一个大型的选美比赛，优厚的奖金使艾丽莎动了心，她便跟着经纪人来到了好莱坞。

这场比赛十分精彩，选手们来自美国各地，她们各有各的风采，但都非常漂亮。在激烈的竞争下，艾丽莎通过了一轮又一轮的淘汰赛，和其他4名选手一起杀入决赛，竞争冠军的宝座。为了让这些决赛选手能够休息一下，调整自己的状态，大赛组织者给了选手们半个月的准备时间。

接下来，艾丽莎开始积极地准备决赛，她分析了几个决赛选手，并将一个叫曼达斯的选手当作了她的潜在对手。曼达斯身材瘦削，颇具骨感美，显得冷艳而神秘，每次都能获得评委的好评。面对这样优秀的对手，艾丽莎有点自卑了，心慌乱了，她意识到自己那张肉乎乎的脸绝对没有一丝高贵和神秘可言。她决定改变自己，在决赛之前让自己瘦下来，以期能够和曼达斯一样美。

于是，艾丽莎开始了疯狂的减肥，每天只吃一点低热量的蔬菜和水果，完全没有主食，在短短的几天内瘦了10斤。到决赛的那一天，当带她参赛的经纪人看到她的样子时立刻惊叫起来："你怎么变成这个样子了？"

原来，经过短期减肥，艾丽莎严重营养不足，双颊也瘦得凹陷下去，神色非常疲倦，肌肉和皮肤也显得松弛。

"本来你很有可能赢得冠军，但现在的样子看来几乎是没有希望了。那些佳丽们大都身材瘦削，颇具骨感美，可爱的婴儿肥正是你与众不同的风格，使你能够凸显出来。遗憾的是你没有看到自己的这一优点，反而去效仿他人，所以你注定失败。"经纪人用无法掩饰的懊悔口吻说，结果不出这位经纪人所料，艾丽莎在决赛中败下阵来。

看到身材瘦削、颇具骨感美的曼达斯颇受评委的好评，艾丽莎有点自卑了，心慌乱了，于是决定将自己变得像曼达斯那样冷艳而神秘。殊不知，自己可爱的婴儿肥正是它与众不同的风格，结果反而失去了自己的独特魅力。

即使你是一个天赋非凡的人，如果你忽视或故意掩饰自己的独特个性，盲目地去效仿别人，最终只能沦为追随他人的牺牲品。做盗版的别人，还是正版的自己？当你为自己的人生做抉择的时候，一定要静下心来好好思考这个问题。

静下心来，你会知道自己内心最想做的是自己。毕竟每一个生命都以独特的姿态存在着，你不可能成为别人，更没有必要成为别人，也不可能被任何人所代替，保持本色才是最大的成就，永远不要忘记这一点。

下面，让我们来看看索菲娅·罗兰的故事。

索菲娅·罗兰是意大利的著名影星，自1950年从影以来，已拍过60多部影片，她的演技炉火纯青，曾获得1961年度奥斯卡最佳女演员奖。然而，当她抱着做演员的梦想刚到罗马时，很多人都给出了否定的意见，原因就是她的个子太高、臀部太宽、鼻子太长、嘴太大、下巴太小。

制片商卡洛对索菲娅说："如果你真想干这一行，就得把鼻子和臀部'动一动'，如此你就像意大利式的演员了。"尽管索菲娅·罗兰很想从事这一行，但她断然拒绝了卡洛的要求。她说："我为什么非要长得和别人一样？鼻子和臀部都是我身体的一部分，我想要它们一直保持现在的样子。"

索菲娅·罗兰没有放弃自己的理想，她决心不依靠美貌，而是依靠内在的气质和精湛的演技来获胜。最终，她成功了。那些关于"鼻子""嘴巴""臀部"等的非议也消失了，这些特征反倒成了美女的新标准。在20世纪将要结束的时候，索菲娅·罗兰还被评为20世纪"最美丽的女性"之一。

后来，索菲娅·罗兰在其自传《爱情和生活》中写道："自开始从影以来，我就出于自然的本能，知道什么样的化妆、发型、衣服和保健最适合我。我谁也不模仿，我从不去奴隶似地跟着时尚走。"

索菲娅·罗兰始终知道自己是谁，充分认识到自己独一无二的地位，勇敢地面对自己的不同、认同自己的不同，甚至是欣赏自己的不同，最终形成了独特的风格，甚至后人都以她的美为标准。

人生其实就像一个舞台，也许你天生一副笨嘴笨舌的样子，可那是你的本色，何必忧心忡忡？大树有大树的风采，小草也有小草的可爱。山鸡披上孔雀的羽毛，也不是凤凰；小鸭学着天鹅的嗓子鸣唱，也永远成不了歌王。

当你有模仿别人的想法时，也许你暂时还不知道自己内心到底在追求什么，也没有找到适合自己的角色。那么，现在就请你静下心来问问自己：是想做盗版的别人，还是做正版的自己？相信你心中已经有了答案。那么就从现在开始，不要浪费一分一秒为自己不是别人而苦恼，保持自我本色和自我风格吧。

最后，我们不妨想想卡耐基大师告诫我们的幸福道理："发现你自己，你就是你。记住，地球上没有和你一样的人……在这个世界上，你是一种独特的存在。你只能以自己的方式歌唱，只能以自己的方式绘画……"你不可能成为别人，更没有必要成为别人，也不可能被任何人所代替，保持本色才是最大的成就。永远不要忘记这一点。

累了，就卸下伪装

美国著名心理学家马斯洛认为，每个人都有归属和自尊的需要。表现在每一个体身上，就是每个人都希望能得到别人的认可，希望别人能给自己肯定和积极的论述。这就不难理解有些人为何希望活在别人的掌声中。

活在别人的掌声里固然是一件值得肯定的事情，但每个人的主观感受不同，即使我们千般小心、万般在意，也照样会有人不满意，难以赢得所有人的欣赏。如果我们为此费尽心机，小心翼翼地行事，就很容易搅乱自己的心，失去应有的目标和方向。

有这样一个人，他一心一意想升官发财，可是从风华正茂熬到白发斑斑，却还只是一个不起眼的小小公务员。这个人整天郁郁寡欢，每次想起自己的一生就掉泪，有一天竟然号啕大哭起来。

这时，一位新同事刚来办公室工作，觉得很奇怪，便问他到底为何如此难过。他回答道：“唉，你有所不知。年轻的时候，我的上司爱好文学，我便学着作诗、写文章，想不到刚觉得有点儿小成绩了，却又换了一位爱好科学的上司。我赶紧开始研究物理，不料上司嫌我学历太低，还是不重用我。后来，换了现在这位上司，我自认文武兼备，人也老成了，谁知上司喜欢青年才俊。我一直想得到上司的欣赏和重用，为上司们活了一辈子，但是……”说着，这个人又禁不住哭泣起来：“如今我年龄渐高，过不了几年就要退休了，但是却一事无成，你说我怎么不难过？”

可见，为了得到别人的掌声而处心积虑地为别人而活，如此没有自我的生活是索然无味、苦不堪言的。即便故事中的这个人最后获得了上司的重用，他的心也是不轻松、没有快乐感的，因为他根本不清楚自己内心的真正追求。

这就如同我们疯狂地转动舞步，一刻不停，在众人的喝彩声中终于以一个优美的姿势为人生画上了句号，但是内心却不确定这样做的意义，最后感受到的只会是说不出的空虚和迷茫、疲惫和厌倦。

人生就像一场戏，你应该在乎的不是观众，而是你自己所扮演的角色。

既然如此，在做人生抉择的时候，我们很有必要让自己静下心来，确定一下自己内心到底想追求什么：是为了获得别人的掌声，背着沉重的包袱踏上人生之路；还是活出自己真实的样子，享受自由自在的快感？

身体是自己的，生命是自己的，灵魂是自己的，人生也是自己的，既然都是自己的，我们完全没有必要获得别人的认可、赞同与肯定，更没有必要活在别人的眼光里。

一天，一位妇人到服装专卖店，花了几百元买了一套名牌内衣。有人问她，买这么高档的内衣穿在里面，别人又看不到，岂不可惜？她淡淡地回答："我穿衣服是为了自己舒服、自己高兴，又不是给别人看的。"可见，只要自己穿着舒服、穿得舒心，完全没有必要获得别人的认可、赞同与肯定，内心淡然而定、坦然自若，这种自我肯定是相当重要的。

别人的目光纵有千千万，也比不上对自我心灵的诚实。不必太在乎别人的掌声，自己决定自己的生活，如此才不致在迷失自我的泥沼中团团转，也才能绽放出泰然自若的华彩。

别人怎么看你那是别人的事，有时你明明已经很努力了，可别人还是觉得不好，你总不能一辈子为别人而活吧？尽管有些人对你来说确实很重要，但有时你越想好好表现，结果可能会越糟糕，岂不是更加费力不讨好？

记住，你才是自己的主人，你对自己的人生有决定权。不必在乎别人的眼光，不必苛求别人的赞赏，敢于唱出心灵深处最真诚的呼唤，笃定地、踏踏实实地走好每一步，你才能爽爽朗朗地收获属于自己的幸福。

从不是别人的影子

生活在当今比较浮躁的社会里，尤其是即将踏入成功的大门时，那一步如何才能迈进去，这是我们难以抉择、备受困扰的问题。这时候，许多人往往习惯向别人求救，希望别人能够给自己提供一些参考意见。

做出抉择时，听取别人的意见是必要的，但是如果我们不能静下心来独自思考，不能明辨是非，就会给人留下平庸无能、随波逐流，甚至是阿谀奉承的坏印象，也会因此迷失真正的自我。

一个农夫与儿子共同赶着一头驴到附近的市场去做买卖，没走多远，父子俩就看见几个路人对他们指指点点，其中一个人大声喊道："你们见过像他们这样的傻瓜吗？有驴子不骑，宁愿自己走路。"听到这话，农夫心想也是，便立刻让儿子骑上了驴，自己则在后面跟着走。

走了一会儿，他们又遇见一群老人，只听他们哀叹道："你们看见了吗？现在的老人可真是可怜。看那个孩子只顾自己骑着驴，却让年老的父亲在地上走路。"农夫听到这话，就连忙让儿子下来，自己又骑上去。

走了一半的路程，父子俩又遇上一群孩子，几个孩子七嘴八舌地乱喊乱叫着："嘿，你们瞧那个狠心的爹，他怎么能自己骑着驴，让自己的孩子跟在后面走呢？"农夫听罢，又立刻叫儿子上来，与他一同骑在驴背上。

快到市场时，又听到有人说："哟，这驴多惨啊，竟然驮着两个人，真怀疑这是不是他们自己的驴。"另一个人插嘴说："哦，谁能想到他们这么骑驴啊，瞧驴都累得气喘吁吁了，这样的驴哪有人肯买啊。"

听罢这话，农夫对儿子说："怎么骑驴都是错，依我看，不如咱们两个驮着驴子走。"于是，他和儿子急忙从驴身上跳下来，用绳子捆住驴的腿，找了一根棍子将驴抬起来，卖力地向前赶路。

当父子俩使出浑身的劲儿将这头驴抬到闹市入口的小桥上时，又引起了桥头上一群人的哄笑。当时驴子受了惊吓，挣脱了捆绑，撒腿就跑，不想却失足落入河中，淹死了。农夫最终空手而归，他既懊恼又羞愧。

这样的故事讲出来，似乎十分可笑。然而，这种任由别人支配自己行为的事情并非只在故事里出现过。在生活中，要处理一件事情，张三说应该这么做，李四说应该那么做，隔壁的王大妈、看门的李大爷也出来搅和，这时候如果你不能静下心来仔细思考，思想很容易混乱，从而否定自己本来已经成熟的想法，改变自己的行为，如此离成功只会越来越远。

因此，面对关乎个人发展的抉择时，我们最需要的是静下心来问问自己："我是怎么想的""我这样做对吗"应坚定和关注自己内心的想法，不盲目地听从别人的意见，不能像"墙头草"一般摇来摆去。

纵观那些有所成就的人，不论是做人还是做事，他们在做各种抉择的时候，都会静下心来独立思考，并坚持自己的立场与观点，而不被别人的意见左右。比如，活跃在交响乐舞台上的、善于指挥交响乐的世界著名音乐指挥家小泽征尔就是这样一个人。

一次，小泽征尔去欧洲参加一次世界级的指挥家大赛，决赛中，他被安排在最后一个参赛，评委会交给他一张指挥乐队演奏的乐谱。他拿到评委交给他的乐谱之后，稍做准备就全神贯注地指挥起来。

突然，小泽征尔发现乐曲中出现了一点不和谐，他以为是乐队演奏错了，就停下来重新指挥演奏，但还是不行。“是不是乐谱错了？”小泽征尔问评委们。在场的评委们都郑重声明乐谱没问题，而是小泽征尔的错觉。小泽征尔又仔细看了看乐谱，坚信自己的判断是正确的。听从评委们的意见，按照错误的乐谱演奏下去吗？小泽征尔考虑再三，大吼一声:“不！一定是乐谱错了！”

话音刚落，评委们立即报以热烈的掌声。原来，这是评委们精心设计的“圈套”。前面的选手们虽然也发现了乐谱的错误，但在遭到评委们的否定后就不再坚持自己的意见，只有小泽征尔坚信自己的主见，最终他摘取了这次比赛的桂冠。

不因他人的评议而对自己心生怀疑，不因他人的评议而改变真实的自我，这是一种坚持主见的做法。“不！一定是乐谱错了！”小泽征尔的主见令人震撼，又怎能不像磁铁一般紧紧地吸引着别人的目光呢？

卓越者总是曲高和寡，平庸者往往附和大众。坚持主见之人，就像凤凰必须在烈焰中诞生一样，要经历残酷的身心考验。做人有主见难，能够坚持主见更是难上加难，这就更需要我们在开始时静下心来，确定内心真正追求的东西。

生活在这个纷繁复杂的红尘世界，人随时随地都会面临选择。如果想要做到不人云亦云、随波逐流，不跟在别人的屁股后面走，你就必须静下心来，认真地想想自己内心的追求，学会自己做决定、自己对自己负责。

有主见的人忠于自己、相信自己，不会随波逐流、人云亦云，他们会为自己的心灵做主，做自己心灵的主人。你想为自己的心灵做主吗？那就把自己培养成一个有主见、敢于坚持主见的人吧。

什么都可以，只要你愿意

记得有一首歌是这样唱的："越长大越孤单，越长大越不安，也不得不看梦想的翅膀被折断……"你的心中有梦想吗？把你的梦想罗列出来。你曾为自己的梦想而努力打拼过吗？你的梦想破灭过吗？

梦想是一个人内心里对自己、对人生的一种希望。人的心底藏着各种梦想，只是有的人敢于抛开一切去实现自己的梦想，而有的人心里却有着更多的牵绊，使梦想慢慢地后退，一直退到心的最底层。

的确如此，现实生活中，有人会说现实些，安安稳稳过日子才是真，不必去追求那些梦想；有人会无奈地摇摇头说，梦想终究只是一场办不到的空望；有人干脆嘲笑说，梦想不过是小孩子的妄想。

如果你也这样想的话，那么你的生活将像一潭死水，无聊枯燥，看不到希望的循环往复。这绝对不是危言耸听。梦想是什么？梦想是一个人内心对人生、对自己的一种希望，因为梦想的存在，人会奋发向上、积极追求。

是坚持梦想，还是放弃梦想，这是一个重要的人生抉择。新东方董事长俞敏洪就曾说过这样一段经典的话："每一条河流都有自己不同的生命曲线，但是每一条河流都有自己的梦想，那就是在转弯处奔向大海。我们的生命有的时候是泥沙，你可能慢慢地就会像泥沙一样沉淀下去了，一旦你沉淀下去了，也许你不用再为了前进而努力了，但是你却永远也见不到阳光了。"

因此，在梦想面前，你必须静下心来想一想：是要把梦想当成对自己一生的"承诺"，严肃而认真地去面对它、实践它，还是忽略或丢弃梦想，追求每天的安稳生活，甘于现状，麻木不仁，让生活缺乏别的色彩？

每个人都应该有自己的想法、自己的追求，同时也有追求梦想的权利，有目的的生活才是快乐的，如果没有梦想、没有追求，再好的生活有什么意义呢？这就好比一颗失去光芒的钻石。你认为如何呢？

有梦想就去追求。打个形象的比喻：人生就是一场赌局，梦想就是赌注，如果你没有梦想，你就永远是一个看客，永远没有赢得这场赌局的机会。把梦想押上去，也许你也会输，但是不努力怎么知道自己不行？即使最后输了又怎样呢，放弃了也是失败啊，而且是彻彻底底的失败。

一个真正善待自己的人，永远都能确定自己心中真正想要的东西是什么。善待自己的梦想，追求自己的梦想，并用梦想陶冶自己的情操，将灰色的现实加上粉色的底片。无疑，这种人是懂得生活乐趣的，也更能赢得众人的欣赏。

下面，我们来分享一个故事。

众所周知的美国服装业巨子雷夫·罗伦，他所创立的POLO服饰王国创下了快速致富的典范。罗伦从小就喜欢做梦，但是他从不做白日梦，而像一个爱美的女孩一样希望能穿上让自己显得漂亮的衣服。

当别的孩子肆意玩耍时，罗伦会将更多的心思放到服装上。他细心研究父母、自己的衣服，以及衣服的质地、细纹、设计等，渐渐地他拥有辨认皮夹克好坏、真伪的本领了。上中学时，罗伦用辛辛苦苦积攒的钱为自己买衣服，不断地增强自己对服装的了解。

进入服装界的梦想一直在罗伦的脑海中盘旋，尽管他缺乏专业素养，但凭借自己高超的鉴赏能力，毕业后他获得一家领带制造公司的重用，得到了展示自己设计才华的机会，并获得了同行的赞誉。

后来，在朋友的提议下，罗伦和朋友合资建立了POLO时装公司。罗伦有了发挥才华的空间，他的设计很快就赢得了当时年轻人的肯定，进而掀起一股流行狂潮，POLO也从此成为男装革命的急先锋。

没有地位、没有专业背景的雷夫·罗伦，是凭借幸运获得了发展事业的机会，成为最具影响力的设计师的吗？答案是否定的。是梦想给了雷夫·罗伦坚定的信念，带领他飞跃平淡和困苦，到达成功的彼岸。

在人类所具有的种种力量中，最神奇的莫过于梦想的能力。我们的生活会因为梦想而改变，我们日后能够取得多大的成就也与梦想息息相关。在我们作出决定的那一刻，命运也就注定了。功成名就者与碌碌无为者的主要区别正在于此。

因此，当你因为生活的烦琐、处境的艰辛而需要作出抉择时，请静下心来明白这样一个道理：人生是一场以梦想做赌注的赌局，一个人除非怀有自己的梦想，并且乐意去做，命运才能得到转机，否则做不出什么大事。

坚持自己的梦想吧！也许，你的梦想听起来不够伟大和崇高，但只要你坚定了它，那么你就会变成积极的、充满自信和斗志的人，你将获得成长的持久动力，成为自己精神世界的绝对主角。

值得一提的是，梦想不是喊口号，从梦想开始的那一刻开始，你就要付诸实实在在的行动。做一个坚持梦想的人，把梦想当成对自己一生的“承诺”，严肃而认真地去面对它、实践它吧。

静下心来想一想，你的梦想是什么，并用智慧和信念去弥补现实与梦想的差距吧！如此你将获得成长的持久动力，成为胜利场上的绝对主角。

沸腾的心需要沉静

一个人的精力有限、时间有限，在有生之年能找对自己要做的事情已经不容易，更不容易的是能抗拒潮流的冲击，摆脱外界的诱惑，专心地将自己的事情做下去，哪怕一生只做好一件事。

有一幅令人深思的漫画：一个人在凿井，凿一处，还很清浅，没有见水就换另一处；又凿了，很浅，还没有见水，就再换一处……他一连凿了好几处，都没有见水。另一个人在一处凿井，一直凿下去，终于见到了水。

如果不够专心，东一榔头，西一棒子，再松软的土地也凿不到水源，不如赶紧沉下心来，坚持不懈地凿一口井。这正如罗曼·罗兰所言："与其花许多时间和精力去凿许多口浅井，不如花同样的时间和精力去凿一口深井。"

接下来，我们不妨来看一个故事。

亚马孙河边的清水吸引来了大量的斑马，它们尽情地享受着大自然的恩赐，然而它们不知道的是，这里潜伏着巨大的危机。

一只饥饿的雄狮正在不远处的草丛中缓慢地向这里靠近。突然，雄狮像箭一样急冲出去，凶狠地向一只未成年的小斑马扑去。

斑马群受到了惊扰，四散开来，慌不择路地逃跑，有的甚至就在雄狮的身旁，但是雄狮的眼睛始终没有离开自己锁定的猎物，对那些和它靠得很近的斑马却像没看见一样，一次次地放过。终于，那只斑马由于体力不支，最后被凶悍的雄狮扑倒了。

雄狮为什么不放弃先前那只斑马，而改去追逐离它更近的斑马呢？因为雄狮和追逐的斑马都已经跑得精疲力竭了，而其他的斑马并没有跑累，如果雄狮在追赶途中改变目标，追赶精力充沛的斑马，转瞬之间就会被甩到身后。紧盯一个目标，目标专一，是雄狮在残酷的动物世界中的生存之道，也是它们在捕猎时屡屡得手的法宝。

就像雄狮追赶猎物的过程一样，在生活中，我们也经常能够遇见一些让人心动的诱惑。这时候，我们需要让沸腾的心沉静下来，好好想一想自己内心到底要追求什么、自己真正想要的是什么。

在滚滚红尘中，急于成功、不甘寂寞的人太多了，不少人左顾右盼，看见别人做什么有前途或者遇到点什么诱惑，就立马丢下自己手中的事，这样三心二意、朝三暮四，最终只会一事无成。

成功不是什么复杂的事情，最重要的就是你要能够收住心，专心于一件事情。不少人都知道“水滴石穿”的故事，水本来是

世间至柔之物，但是当水专注的时候，一滴一滴地打在石头上，再坚硬的石头也会被砸出坑洞来。

20世纪80年代，有一位在国内有一定影响力的花鸟画家，他在16岁时就举办了个人画展，其多幅作品被选送至日本、意大利、美国、法国、苏联等展出，被誉为“画童”“小天才”。

一次画展招待会上，有人问画家：“现在的画家很多，你是如何从众人中脱颖而出的呢？其间的过程是不是很不容易？”

画家微笑着摇摇头，回答：“一点儿都不难，而且我差一点儿当不了画家，小时候我兴趣非常广泛，也很要强。画画、游泳、拉手风琴、打篮球，必须都要争第一才行。这当然是不可能的，有段时间我心灰意冷，觉得前途渺茫。”

众人都很好奇，画家解释道：“老师知道后，找来一个漏斗和一捧玉米种子，让我把双手放在漏斗下面接着，然后捡起一粒种子投到漏斗里面，种子便顺着漏斗滑到了我的手里。老师投了十几次，我的手中也就有了十几粒种子。然后，老师一次抓起满满的一把玉米种子放在漏斗里面，玉米种子相互挤着，竟一粒也没有掉下来。”

顿了顿，画家接着说道：“经老师提点后，我放弃了游泳、篮球等，这大半辈子都只坚持学习画画，这也许就是我画画比较好的原因吧。我想，如果我当初什么都学习的话，可能现在什么都不是。”

在选择自己的前途时，画家既学画画，又学游泳、拉手风琴等，结果觉得前途渺茫，不知道自己要走的路。后来在老师的指点下，他开始专心于画画这一件事，并将之作为终生的奋斗目标，最终在美术界出类拔萃。

在一些武侠电影中，我们总能看到这样的一个现象：能够在武林中执牛耳的往往是有一门绝技的人，他们能够在瞬间凭着一招一式将自己置于强者的地位，而那些二流及三流的武林教派，虽然各门各派的武功都知道一点，但是始终都无所成就。

有的人一辈子做了很多事情，却没有一件能被人记住的；但有的人一辈子只做了一件事情，就被人记住了。这就是说，在做人生选择的时候，应静下心来，专注地做好某件事情，这远远比什么都想要、见异思迁或是四面出击要聪明很多。

从现在开始，让沸腾的心沉静下来，找一个能充分发挥能力的平台，专心做好自己手头的工作，不让其他事情扰乱心神。只要我们能够保持这种状态，就能创造出令人惊叹的成就，获得成功的人生。

不同时追两只兔子

人在一生中会面临数不胜数的选择，左右为难的情形时常会出现。是左是右、是取是舍，经常会把人推到矛盾、纠结，乃至无助、绝望的边缘，人们会因为有多种选择而心生苦恼。

但是，当我们静下心来，冷静而准确地认识自己、认识环境，能够理性、客观地规划自己的理想与生活的时候，未来的视野将会展现出一种截然不同、豁然开朗的景致，抉择也就不再那么复杂了。

德山禅师在尚未得道之时曾跟着龙潭大师学习，日复一日的诵经苦读让他有些忍耐不住。一天，他对师父说：“说实话，我真诚地想跟着师父您学习，但是这样的生活让我觉得无趣极了，我不知道自己是否该继续下去。”

“鹰是世间寿命最长的鸟类，当鹰活到40岁时，身体各方面开始老化，爪子不能有力地抓住猎物，喙变得又长又弯，羽毛长得又浓又厚，连飞翔都显得有些吃力。这时，它有两种选择：在悬崖上筑巢，安然地停留在那里等死，或者开始一次痛苦的重生。”龙潭大师笑着说，德山禅师听后满脸迷惑。

“你知道吗？”龙潭大师继续说道，“那是一场150天的漫长磨炼。鹰首先用它的喙击打岩石，直到喙完全脱落，然后静静地等待新的喙长出来。它会用新长出的喙把指甲一根一根地拔出来。新的指甲长出来后，就再把羽毛一根一根地拔掉。5个月以后，新的羽毛长出来了，鹰经历了一次新生。”龙潭大师顿了顿，意味深长地问道：“静下心来想一想，如果你是一只老鹰，你是选择等待生命的枯萎，还是选择生命的重生？”

尽管痛苦蜕变的过程非常残酷，老鹰还是选择放弃安逸的等待，得到了凤凰涅槃般的重生。终于，德山禅师明白了自己想做一代大师必须忍耐诵经苦读的寂寞、平淡，后来他果然青出于蓝，获得了显著成就。

尽管抉择是一个痛苦的过程，但“鱼与熊掌不可兼得”，明确自己内心追求的东西，知道孰是孰非、孰轻孰重，为了得到熊掌而拿出鱼，这才是生命得以延续的智慧，也是我们获得内心平衡的好方法。

试想：想获得清闲而辞职在家，但是又害怕因无所事事而失落；为了得到高薪，想寻觅到一份好工作，但是又担心责任太重、压力太大……如果总是这样患得患失，又怎能让自己的内心获得平静、收获快乐呢？

明白自己应该坚持什么，又该放弃什么，这是一种具备大格局果敢和胆识的表现。因此，当我们面临“老鹰重生”式的抉择时，要静下心来想一想自己内心到底在追求什么，做到“两弊相衡取其轻，两利相权取其重”。

大学毕业后，成绩优秀的杜嘉得到了学校出国进修的机会，同时一家全国500强的大公司也向他抛出了“橄榄枝”，承诺提供给他一份专业对口、待遇优厚的工作。留学与工作都是好事情，但杜嘉惆怅起来，不知道该如何选择了。

出国进修的机会太难得了，但是各方面的投入太大了，自己的家庭条件并不是很好，经济负担会很大，而且出国回来后有可能找不到这么令自己满意的工作，说不定会变为“海待”。目前这份工作可以让自己获得很好的发展，而且还能让父母过上衣食无忧的生活。

不过，杜嘉是一个聪明的人。“我到底想要什么呢？”他一次次地这样问自己。最终，他确定留学是自己一直梦寐以求的梦想，也是大部分人人生成长最快的一段经历，不能用金钱回报来衡量。于是，他毅然放弃了待遇优厚的工作。

在留学的3年时间里，杜嘉在当地圈子里结交了很多朋友，收集了更多元化的信息，思考、沟通、谈判能力都得到了很大的提高，毕业后他回国自主创业，如今已然硕果累累。而且，他再也不会为选择所累，不会为放弃所伤。

“鱼，我所欲也；熊掌，亦我所欲也，二者不可得兼，舍鱼而取熊掌者也；生，亦我所欲也，义，亦我所欲也，二者不可得兼，舍生而取义者也。”静心想想自己内心追求的东西，明确孰是孰非、孰轻孰重，你必然就知道该如何选择。

有了这样的认识后，面对纷繁复杂的世界和物欲横流的社会，在进行抉择的时候，我们不要总是想着让自己多得到一些，纠结于得与失的比较中，要懂得果敢地放弃和义无反顾地选择，这是勇者与智者的修炼。

抉择时静下心来，把握舍与得的机制和尺度，从容地有所放弃、有所选择，在不安定的纠结中觅得坦然的平静，如此我们便能获得内心追求的东西，心中的不平衡自然也就会减少甚至消失，以快乐和愉悦的心情生活，并且把握住人生成功的机遇。

第九章

静心坚守，柳暗花明处处寻

世上没有绝望的处境，只有怀抱绝望心境的人。

或者可以这样说，绝境不过是人心的画地为牢，

与其在绝境中自怨自怜，不如耐心找寻转机。

绝望时静下心来，坚守希望，坚守梦想，坚守自我，

你会发现原来“柳暗花明”并不难寻。

改变不了世界，改变自己

在我们的生活中，有太多的事情就像“大山”一样，是我们无法改变的，或者至少是暂时无法改变的。这时候，我们总是抱怨现实世界不尽如人意，心痛、无奈的情绪在心里盘旋，绝望地等待着被世界“宰割”的命运。

然而，改变世界的目标太大，何不从自身开始做起。改变自己，你会发现路还是原来的路，境遇还是原来的境遇，但是路和境遇所给予你的感受却截然不同了，有一种“柳暗花明又一村”的感觉。

下面是一个关于牧师、男孩、地图与世界的故事。

一个星期六的早晨，牧师正在准备第二天的布道。他的妻子有事出去了，小儿子在家哭闹不休，严重扰乱了他的思路。心烦意乱中，牧师随手拿起一幅色彩鲜艳的世界地图，把它撕碎并且丢在地上，对他的儿子说:“小约翰，你如果能把这些碎片拼起来，我就给你两角5分钱。”

在牧师看来，把那些杂乱无章的碎片拼起来会花掉小约翰一个上午的时间，但没过10分钟，小约翰就来敲他的房门。牧师看到小约翰如此之快地拼好了一幅世界地图，十分惊奇："孩子，你是怎样做到的呢？"

"这很容易，"小约翰慢腾腾地说，"地图的反面有一个人的照片，我试着把这个人的照片拼到一起，然后把它翻过来。我想，如果这个人拼对了的话，那么这幅世界地图也就拼对了。"

牧师微笑起来，一边爽快地付给儿子两角5分钱，一边高兴地说："儿子，谢谢你，你启发了我！明天的布道，我知道该讲些什么了——如果一个人是正确的，他的世界也就是正确的。"

如果我们自己是正确的，那么这个世界就是正确的。换一句话说，当这个世界看起来很不尽如人意的时候，很有可能因为你是错的。作出积极乐观的改变，只要自己改变了，世界将会变个模样，人生会是另一番景象。

下面再来分享一个小故事。

在一片丛林中住着一只喜鹊，有一天喜鹊正在忙于收拾家当准备搬家，恰好被百灵鸟看到了，于是百灵鸟问喜鹊："你要搬到哪里去？"

"唉，我要搬到东边的树林去。"喜鹊回答道。

百灵鸟又问："你刚到这里还不到一个月，而且住得蛮好的，为什么要搬呢？"

喜鹊叹了一口气，伤心地回答道：“你有所不知，我这已经是第三次搬家了，以前林子里的鸟儿们都说我唱歌的声音特别难听，这片林子的鸟儿也讨厌我的歌声。所以，我必须搬家，找一个喜欢听我唱歌的地方。”

“那么，你……”百灵鸟沉吟了一会儿，接着说道，“你有没有想过大家不喜欢你唱歌是因为你的确唱得不好听呢？要知道，如果你还是像现在一样唱歌，无论你搬到哪片林子里，大家都不会喜欢你呀。”

听了百灵鸟的话，喜鹊恍然大悟，于是它尝试着改变了自己唱歌的声音，结果很多鸟儿都开始喜欢听它的歌声，并将它推崇为林子里的“金嗓子”，这下喜鹊再也不用搬家了，过起了幸福快乐的生活。

喜鹊只想着其他鸟儿不喜欢自己的歌声，却没有想到是因为自己唱得太难听，于是不停地搬家，费神费力。后来，它在百灵鸟的提点下改变了自己唱歌的声音，受到了大家的欢迎，过上了幸福的生活。

由此可见，世界上并不只有你一个人在改变，地球也不只是为你而转，不可能所有的事情都按照你的意愿发展。面对一个强大的、你不喜欢的环境，任何的反抗和逃避都是徒劳的，唯一的、最好的办法就是改变自己。

处于什么样的环境并不重要，重要的是你的选择：是选择软弱地屈服于环境，绝望地等待世界的改变；还是豁达乐观地面对不如意，用毅力去改变自己，进而达到改变世界的目的，就看你如何把握了。

改变自己是生存的必要保证，特别是在这个日新月异、一日千里的新经济时代，只有不断地改变自己，才能应对眼前的各种不如意，并且随时应对世界的巨变，这也是我们取得发展、获得成功的明智之选。

余品超在一家贸易公司上班，经常感叹自己生不逢时，整天过着苦闷的生活。一次，他愤愤地对朋友抱怨："我到公司工作一年多了，老板不提拔我不说，连工资都不给我涨，我觉得在公司没有前途。"

余品超的这位朋友是一个事业比较成功的人，他沉默了一会儿，对余品超说："要我说啊，你应该把商业文书和公司组织完全搞懂，甚至连怎么修理影印机的小故障都学会，然后再辞职不干。"

见余品超不解地望着自己，朋友解释道："你们公司怎么也算一家大公司，你豁达乐观一点，把公司当作免费学习的地方，把什么东西都学懂了之后再一走了之，不是既出了气，又有许多收获吗？这样才值。"

余品超听从了朋友的建议，从此勤奋研学，甚至下班之后还留在办公室研究写商业文书的方法。半年后，他找到朋友，欣喜地说："近半年来，老板对我刮目相看，最近更是不断给我加薪，并对我委以重任，我已经成为公司的红人了。”

“这是我早就料到的。”他的朋友笑着说，“当初你的老板不重视你，是因为你的能力不足，却又不努力工作，没有业绩；而后你痛下苦功，能力提高了，又能为公司创造效益了，自然就改变了老板对你的态度。”

余品超的待遇为何发生了改变呢？是他所在的公司不一样了吗？是他的老板换人了吗？不是！公司是同一家公司，老板也没有变，是余品超自己发生了改变，他的工作主动热情，能力日益提高，老板自然对他刮目相看。

无论周围的环境有多么不尽如人意，人生之路有多少未知的因素，最明智的做法就是承认环境的存在，静下心来好好想想自己需要作出怎样的改变。改变自己、改变世界，新生活从此刻开始。

危机中的转机

人生有很多事情，在意想不到的时候就来了。在这种突发的危机中，不少人会惊慌、手无足措，认为不管自己做什么事情都没有用。这种消极的信念蔓延开来，会让他们觉得自己无力、无望，甚至无用。

如果你想要掌控自己的命运，如果你想获得卓尔不凡的人生，就千万不可有这样绝望的信念。因为某件事情这一方面的危机，也许正是另一方面的契机；或这件事情上的危机，很有可能正是另一件事情上的契机。

所谓“危机”，静下心来想一想，“危”是危险，“机”是有机会的意思，危险里面有机会，机会里面带有危险。也就是说，你可以说危机是100%的危险，也可以说它蕴藏着步步活棋，有无限的契机在里头。

这里有一个小故事。

一天，农夫的一头驴掉进一口枯井里，农夫绞尽脑汁想救出驴，但几个小时过去了都无济于事。最后，这位农夫决定放弃，他想这头驴子年纪大了，不值得大费周折地去把它救出来，不过无论如何，这口井还是要填起来。

于是，农夫请来左邻右舍帮忙一起将井中的驴埋了，以免除它的痛苦。邻居们人手一把铲子，开始将泥土铲进枯井中。这头驴子察觉到自己的处境时，在井里恐慌、痛苦地哀号着，不一会儿它居然安静下来。几锹土过后，农夫终于忍不住朝井下看，眼前的情景让他惊呆了：泥土不停地倾泻到井中，驴子将泥土抖落在一旁，然后站到铲进的泥土堆上面。

农夫高兴极了，于是加快了填土速度。就这样，没过多久，驴子便上升到井口。它用力地抖了抖身上的泥土，纵身跳出了原本绝命的枯井，然后在众人惊讶不已的表情中得意地跑开了。

人生的旅途中，我们难免会陷入“枯井”，各式各样的困境就像是不停掉落的土，叫人无法躲闪，有时候一连串地压在我们身上，无声无息地将我们湮没，而我们能否挺过那片黑暗？又能否活着等来救援？这时候，如果我们惊慌或者放弃，恐怕就只能陷在井中，无法脱困；假若我们能够静下心来，豁达乐观地面对，就会发现这些“泥沙”恰恰是能够帮助我们脱困的垫脚石。

正所谓“祸兮福之所倚，福兮祸之所伏”，每一种改变都会产生两种结果，一种是正面的，一种是负面的；即使是负面的，也同时会带来一次机会，那么在一定的条件下，危机也可能成为发展的机遇。

因此，不难总结出一个道理：只要我们能够在危机时时刻保持冷静，用心去捕捉危机中的转机，就很有可能从中发现契机，化危机为机会，最终化险为夷，突出重围，实现新的飞跃，这正是我们成功的关键所在。

明朝永乐年间，著名工匠蒯祥被明成祖安排负责皇宫的改建。一个雷雨交加的夜晚后，蒯祥一早上来到工地，不禁大吃一惊：已接近完工的宫殿大门门槛的一头被人偷偷地锯短了一段，更糟糕的是工期将至，而且已经没有可以重建的同样材料。

要知道，这样的事情足以使人掉脑袋，蒯祥的处境一下子危险了，旁边的人都暗自为他捏了一把汗。但蒯祥努力让自己冷静了下来，因为他知道现在抱怨或叫苦都是没有用的，唯有想办法弥补，消除危机才是最关键的。

一番冥思苦想后，蒯祥忽然想出一个别样的办法：把门槛的另一头也锯短一段，使两头的长度相等；同时，在门槛的两端各做一个槽，使门槛可装可拆，成为一个活门槛。他还准备在门槛的两端各雕刻一朵牡丹花，既可以遮掩两端的槽，又能使门槛色彩鲜艳，显得更加富丽堂皇。

到了工程完工的那一天，明成祖亲自带领文武百官来验收。他看到宫殿的门槛是活动的，拆掉门槛后，轿子和车马可以直进直出，比固定的门槛更加方便，而且门槛两端雕刻的牡丹花装饰得也十分漂亮，便对蒯祥大加赞扬和赏赐。

一夜之间，宫殿的门槛被锯短，将蒯祥置于性命攸关的危机之中。幸好蒯祥没有慌乱绝望，而是通过冷静的思考，将门槛改成可装可拆的活门槛，化危机为机会。经过这一变局的转化，他不仅保住了自己的脑袋，还成为我国建筑史的一段佳话。

可见，危机并不可怕，可怕的是对危机心存畏惧、怨天尤人、坐以待毙。在危机面前，我们只要振作精神、冷静面对、认真思考，就有可能捕捉到危机中的转机，采取积极的行动，给自己支撑起一片朗朗晴空。

最大的危险，通常蕴涵着最大的机会。危机发生了，在他人尚处在情绪混乱、头脑困惑的状况中时，成功人士似乎更懂得在无秩序中冷静思考，用心捕捉危机中的机会，调动并挖掘自身的潜能，隐藏在危机中的契机自然而然地就会显露出来。如果我们能够使危机成为机会，走向一个新的开始，那么世界上还有什么事会做不成？想不成功都难。

现实生活中，这样的例子比比皆是。

杨格是美国新墨西哥州高原地区的一位苹果园园主，由于高原的气候独特，少有污染，这里的苹果味道鲜美，因而大批水果经销商与杨格签订了订货合同，每年秋天杨格都会将上好的苹果装箱发往各地。

可是天有不测风云，有一年高原上突然下了一场特大的冰雹，把结满枝丫的大红苹果打得遍体鳞伤。这时候苹果已经订出9000吨货，如果到时间发不出货，会影响自己的信用，会砸了自己的牌子；如果把被冰雹砸过的苹果发给经销商，大家不满意，同样是砸自己的牌子。这可怎么办？

杨格来到苹果园，面对满地伤痕累累、创伤严重的苹果，心事重重地踱着步子。该怎样走出这注定是“损失惨重”的“绝境”呢？他俯下身来拾起一个打落在地的苹果，揩了揩沾上的泥咬了一口，意外地发现苹果清香扑鼻、酣浓爽口。

顿时，一个绝妙的主意萌生了。杨格果断地命令手下集中力量立即把苹果发出去，同时在每一箱上都附上一个简短的说明："朋友，这批货个个带伤，但请看好，这是冰雹打击的疤痕，是高原地区产出的苹果的特有标记。这种苹果果紧肉实，具有妙不可言的果糖味道。如果不信，便可亲口尝尝做个比较。"

收到这种带伤的苹果后，经销商们半信半疑，但是亲口尝过之后，果然发现这种苹果味道特棒，真是高原特有的味道。从此，经销商们更加愿意和杨格做生意了，还专门要求提供带伤疤的苹果。

市场上，多数人不喜欢"伤痕累累"的苹果，这的确是让人无奈的事情。不过，杨格没有绝望，而是细心地发现了这种苹果的优势，把疤痕当作好苹果的标志，巧妙地改变了自己的处境。看完这个故事，我们不得不佩服这位天才的创意。

也许你不知道，我们现在用的吸水纸，当年就是因为一名造纸工人在生产时不小心弄错了配方，结果生产出一大批无法书写的废纸。面对巨大的失误，那名造纸工人静心思考：纸张无法书写，但它们的吸水性很好。于是他将这些废纸切成小块，做成了"吸水纸"。申请专利之后，他也从一名小工人变成了大富翁。

古人云："善用物者无弃物。"任何事情、任何事物并非一无是处、毫无价值，劣势的背后蕴藏着诸多优势，重重危机之中隐藏着步步活棋。怎么"善用"、怎么"走棋"，一切就全靠你自己了。

危机是100%的危险，也蕴涵着步步活棋、无限契机。因此，在危机面前，我们不要做大呼小叫、苦坐等待的旁观者，应静下心来，保持相对的冷静和勇气。这是我们下一个成功的开始。

静下心来，冷静思考，用心去捕捉危机中的转机，并利用自身的智慧和才能将负面的变局化为正面的转机，就能化危机为机会，最终化险为夷，实现新的飞跃。

明天又是新的一天

常言说“祸兮福之所倚，福兮祸之所伏”，“人有悲欢离合，月有阴晴圆缺，此事古难全”，几乎没有谁的生活是一帆风顺的，整个人生就是一个或喜悦或悲伤、周而复始的过程，以达到某种程度上的平衡。

上帝是公平的，在关闭一扇门的同时，已经悄然为你打开了另一扇窗。既然如此，与其在原来的门前流连忘返，痛苦绝望，不如学会静下心来寻找上帝为你早早预置的另一个人生出口。

自古文人雅士的飘逸，无不印证了这一点。

蒲松龄，清初山东人。由于出身于一个逐渐败落的中小地主兼商人家庭，家境优越，蒲松龄自小志存高远，以图通过科举功名而飞黄腾达、一展雄才，但其命运不济，4次赶考都落第了。

蒲松龄意识到自己不适合科举考试，这让他多少有些绝望。不过，蒲松龄是一个聪明人，他心想：既然自己走不进官场，那么在其他的地方就有可能作出一番作为，何必为此黯然神伤呢？不如好好静思自己的人生之路。后来，蒲松龄弃官从文，走上了文学之路，并且立志写出一部“孤愤之书”。

经过一段时间的潜心写作，一部著名的文言文短篇小说集《聊斋志异》终于写成。随着《聊斋志异》的广泛传播，蒲松龄的声望日渐扩大，他受到了众多文人墨士的认可和青睐，实现了飞黄腾达的梦想。

蒲松龄试举落第，与仕途无缘，这是上帝为他关上的一扇门。静心思索后，蒲松龄弃官从文，找到了上帝为他打开的另一扇窗，最终实现了飞黄腾达的梦想，为后人留下了宝贵的精神财富。

在困境面前，我们总是有种走入死胡同的感觉，似乎怎么都逃不出去，于是抱定绝望的心态。然而，这一切都只是错觉，若你静心沉思，对自己进行重新定位，就能找到上帝为自己早早设置的另一个人生出口。这样一来，你就能走出这条死胡同，就能绝处逢生，走向生命的开阔之处。

每个人的生命中都潜藏着许多好机会，一个机会失去了，在另一个地方你还有机会。只要你把握机会，就能为自己打造一片蓝天。

这里有一个真实的例子。

自从得知自己将要参加最危险的海军陆战队后，青年莱科每天都一副忧心忡忡的样子，觉得自己的生命好像交给了别人，自己随时都会有闭上眼睛的那一天，这是他无法接受的，于是他心生绝望。

爸爸见状，决定和莱科聊聊天。他对莱科说："孩子，其实你没必要这样的。要知道，到了海军陆战队，你有可能会被留在内勤部门，那样的话你就完全用不着担惊受怕了，那些工作都是很轻松的。"

爸爸的话并没有让莱科放松，他说："爸爸，去哪个部门也不是我自己选的啊！要是我被分配到了外勤部门呢？在外勤部门不仅需要出去作战，而且所面对的各种环境也是非常恶劣的。"

爸爸笑着说："那也没关系。即使去了外勤部门，你还是有两个选择，一个是留在美国本土，另一个是分配到国外的基地。如果你被分配到美国本土，这跟待在家里没有什么区别，又有什么好担心的？"

"要是我去了国外呢？"莱科继续问道。

"这样啊，那你还是有两个机会。第一个，被分配到和平而友善的国家；第二个，被分配到不和平也不友善的地区。如果是前者，那么爆发战争的概率是很小的，约等于零，你就什么事情都不会有。"

莱科着急地说："可是，我要是真的去战争地区了呢？那我不就完蛋了吗？"

"这怎么可能？如果你留在总部，而不是上前线，那么也不会有事。"

"那我要是上前线了，这该怎么办？假设我还受了伤，那我以后该怎么生活？"

"受伤也分程度的。也许你只是轻伤，根本无碍的。"

莱科还是不满意，说："那要是不幸身负重伤呢？"

"那很简单，要么保全性命，要么救治无效。如果还能保全性命，你还担心什么呢？"

莱科最后问道："天啊，要是救治无效，那我该怎么办啊！"

爸爸听完，大笑着说："这更简单了。你人都死了，还有什么可担心的呢？更何况，如果你真的死了的话，你就是国家的英雄，很多人会赞扬你、崇拜你。要知道，这样的荣誉不是每个人都有幸拥有的。"

于是，莱科豁然开朗，充满信心和希望地参加了海军陆战队。他先被分配到了外勤部门，然后又被分配到了战争地区，还成为前线上的一名先锋……面对组织的这些安排时，莱科总相信后面有好的事情，于是欣然接受。

结果呢？在这种心态的引导下，莱科不再患得患失，而是作战英勇、屡建战功，获得了一等兵的荣誉。在作战过程中，他先后受过几次伤，不过并无大碍。鉴于优秀的表现，现在莱科已经被提拔为重点军校的一名军官。

与爸爸相比，在生活智慧上，莱科显然还有很大差距。莱科的爸爸始终明白这样一个道理：无论人生面临什么样的际遇，在失去的同时都会得到一些东西，所以不如不困惑、不如不挣扎、不如不绝望，静心静思地走进另一扇门。

无论黑夜多么漫长，朝阳总会冉冉升起；无论风雪怎样肆虐，春风终会缓缓吹拂。当挫折接连不断、当失败如影随形、当命运之门一扇接一扇地关闭时，你永远也不要绝望，要相信总有一扇窗会为你打开。

因为痛过，所以坚强

在漫长的人生旅途上，既有宽阔平坦的康庄大道，也有崎岖不平的山间小路；既有娇艳欲滴的鲜花，也有蓊郁葱茏的荆棘。无论是坚强的男人还是柔弱的女子，谁都难以逃脱这份注定的“幸运”。

在人生路上，经受这样或那样的失败时，千万不要认为老天是在故意和你作对、故意惩罚你，从而一味地哭泣、抱怨、悔恨和惋惜，甚至相当长的一段时间都难以从失败的阴影中解脱出来。

面对困境与苦难，最关键的是要静下心来，清醒地问问自己：我为什么会遭遇失败，我应该如何做才能将失败的损失降到最低，我能够从这次失败中学到什么，下次遇到这样的事情我应该怎么做……

要知道，“失败是成功之母”，失败是一次次检视自我、锻炼自我、提高自我的机会，进而完成一次次难得的自我蜕变。反思失败、勇于向前的人，必是胸怀笃定、潇洒自信之人，也是离成功最近的人。

英国《泰晤士报》前总编辑哈罗德·埃文斯一生中曾经历过无数次失败，其中包括他在20世纪80年代中期对《泰晤士报》进行失败改革。但他从未在失败中沉沦，对于失败，他曾经说过这样一段话：“对我来说，一个人是否会在失败中沉沦，主要取决于他是否能够把握自己的失败。每个人或多或少地都经历过失败，因而失败是一件十分正常的事情。你想要取得成功，就必须以失败为阶梯。换言之，成功包含着失败。关于失败，我想说的唯一一句话就是：失败是有价值的。因此，面对失败，正确的做法是：首先要勇于正视失败，找出失败的真正原因，树立战胜失败的信心，然后以坚强的意志鼓励自己一步步走出阴影，走向辉煌。”

真正的勇士，敢于直面淋漓的鲜血和惨淡的人生。因此，遭遇失败时，不要再整日忧心忡忡、悲观绝望，静下心来问自己学到了什么，需要在哪些方面作出改进等，那么失败的阴霾会很快消散，迎接你的将是阳光明媚的新一天。

戴尔·卡耐基事业刚起步的时候，在密苏里州举办了一个成年人教育班，并且陆续在各大城市开设了分部。他花了很多钱做广告宣传，房租、日常用品等办公开销也很大，但一段时间后，他发现花费了数月的辛苦竟然连一分钱都没有赚到。

卡耐基很是苦恼地向家人借钱处理了一些善后的事情后，便整天待在家里不再外出，因为他害怕别人用同情、怀疑抑或是幸灾乐祸的眼光看自己。他整日闷闷不乐、神情恍惚，无法将事业继续下去。

这种状态持续了很长一段时间后，他找到了老师乔治·约翰逊。“失败有什么？让你清楚地看清自己罢了！”老师的一句话意味深长，卡耐基顿悟，于是开始静静地思考自己存在什么问题，工作是不是需要改善……一番思索后，他改变了成人教育的研究方向，致力于人性问题的研究。

经过一段时间的努力，卡耐基开创并发展出一套独特的融演讲、推销、为人处世、智能开发于一体的成人教育方式。由此，他成为美国著名的企业家、教育家和演讲口才艺术家，被誉为“成人教育之父”“20 世纪最伟大的成功学大师”，他的著作《沟通的艺术》《人性的弱点》以及《卡耐基人际关系学》等出版后，立即风靡全球，被誉为“人类出版史上的奇迹”。

从这个故事中我们可以感受到，尽管失败的事情使我们痛苦，但并没有什么大不了，只要我们能够静下心来，善于从失败中学习，不断地总结失败的教训，重整旗鼓，从头再来，就能一步步走出失败的阴影，收获成功的阳光。

被称为“领导力大师”的沃伦·本尼斯在撰写其最负盛名的著作《领导者》时发现，无论是政府、民间还是非赢利领域的领导人，他们都有三四个共同的特性，其中之一便是：每个人都遭遇过失败，然后反败为胜。

由此可知，是失败使他们看清了自己存在的致命问题，从而在通往目标的道路上加以征服并超越自我；是失败使他们排除了一个又一个不成功的因素，从而掌握了取得成功的一个又一个先决条件，为发展积蓄了能量，为成功奠定了基础。

在发明电灯的过程中，爱迪生几乎把自己的精力都投在了试验上。他所遇到的困难首先是要寻找到做灯丝的材料，他先用炭化物质做试验，失败后又以金属铂与铱高熔点合金做灯丝试验，还做过上质矿石和矿苗共1600种不同的试验，结果都失败了。

不过，失败并没有让爱迪生放弃希望，他尝试着使用其他材料继续进行自己的试验。后来，他将炭丝装进玻璃泡里，一经试验，效果很好。就这样，世界上第一批炭丝白炽灯问世了。

虽然电灯发明成功，但是这种电灯有很多毛病，大规模推广的可能性很小，这对爱迪生来说，依旧是一次失败。为了研制成看似简单的电灯，爱迪生大约经过5万次的试验，写成试验笔记150多本，可是1914年12月的一个晚上，工厂突然失火了，爱迪生的实验室被烧得干干净净。

看到实验室化为灰烬，大半辈子的心血毁于一旦，爱迪生心中的悲痛不难理解，但他对安慰自己的朋友们轻轻地说："没错，这场大火的确把我的成果给烧光了，不过同时它把我的错误也烧光了，现在我要重新开始！"

后来，爱迪生用炭化竹丝做成一根灯丝，结果比以前做的种种试验都理想。这便是爱迪生最早发明的白炽电灯——竹丝电灯。通上电后，这种竹丝灯泡竟可以连续不断地亮1200个小时，由此爱迪生为人类带来了光明，成为世界闻名的发明大师。

"没错，这场大火的确把我的成果给烧光了，不过同时它把我的错误也烧光了，现在我要重新开始！"能够这样想的人，必是心胸宽广、目光高远之人，他们将失败当作垫脚石，进而能够一步步地接近成功。

的确，成功者不在于跌倒的次数有多少，而在于总是比跌倒的次数多站起来一次；不在于没有失败，只在于绝不被失败所击倒。这正如海明威所说的："困难击倒每一个人，之后，许多人在心碎之处坚强起来。”

总之，成功好比威武雄壮的交响乐，而前进中的每一个失败就像是一个个音符。只要你能欣然接受失败、冷静对待失败，不断修正和蜕变，那么你就一定能在风雨之后奏响一曲壮美辉煌的“成功交响曲”。

失败是一次次检视自我、锻炼自我、提高自我的机会。失败时静下心来，善于从中学习、总结教训、重整旗鼓，进而完成一次次难得的自我蜕变，那么迎接你的将是阳光明媚的新一天。

换一个方向

科学家们曾经进行了这样一项实验：将一群蜜蜂放进一个敞开口的瓶子里，并将瓶底对准阳光。遗憾的是，这些蜜蜂竟没有一只飞出瓶子去。为什么呢？因为它们以为出口在光线最明亮的地方，于是不停地撞击瓶底，却对稍稍黯淡的、敞开的瓶口不理不睬，最终一只只力竭身亡。

生活中，我们也会遇到各种或困难或复杂的场面，不少人往往只会从一个角度看问题，这就是人们平常所说的“一根筋”或“钻牛角尖”，结果我们竭尽全力也于事无补，只能被绝望的思绪所困扰。

殊不知，任何事物本身都具有多样性，当遇到困境时，我们只要静下心来，换一个方向，从不同的角度去看待问题，该转弯时就转弯，问题便可迎刃而解，出现“柳暗花明又一村”的新局面。

死神在一场瘟疫中累倒了，靠在路边休息，一个好心的青年跑来照顾他。为了表示感谢，死神决定教青年学医。过了一段时间，死神对青年说：“你现在可以去行医了，但是有一条戒律不可以违犯：当你治疗病人时，如果你看见我站在病人的脚旁，你可以把他的病治好；如果你看见我站在病人的头边，就表示那人的大限已到，你就不用治了，否则你就要拿自己的命来抵。”青年一直遵守死神的戒律，也治好了很多人，成为一代名医。

有一天，公主生病了，群医束手无策，国王便颁布一个命令：如果有人能把公主治好，就把公主许配给他。青年得知消息后来到皇宫，看到美丽的公主时不由得倾心不已，但死神却站在公主的头旁。

青年想救活公主，但是救活她自己就得死，他精神有些恍惚了，不知道如何做才好。青年深深地呼吸了几下，感觉大脑清醒了不少，过了一会儿，他对国王说：“请叫人把公主的床换一个方向，这样我就能把公主治好。”

国王立即派人把公主的床换了方向，这样死神变成了站在公主的床尾，青年很快就把公主治好了，死神对他也无可奈何。接下来，青年迎娶了公主，继承了王位，过上了幸福快乐的生活。

是救心爱的公主而牺牲自己，还是置公主生死于不顾？这个选择对这位青年来说是残酷的，但是他没有消极地逃避或搁置问题，而是保持冷静的头脑，换了一个方向，结果轻松地斗败了死神，与公主幸福牵手。

由此可见，面对棘手的问题而无从下手时，不要钻牛角尖，不妨静下心来，适时地换一个方向，用一种全新的视觉去思考当前所面对的情况，创造一种“山重水复疑无路，柳暗花明又一村”的意境。

那些各个领域的顶尖人物之所以能够取得成功，并不在于他们的人生有多顺利，也不在于他们发现了多少机遇，而在于他们能够打破常规地思考问题，不被思维定式所控制，懂得换一个角度思考问题。

由于市场竞争激烈，商品严重滞销，美国艾士隆公司陷入了疲软的状态，董事长布希耐心烦意乱，便驾车到郊外散步。走到街头时，他看到几个小孩子聚在一起正在玩一只肮脏且异常丑陋的昆虫，还玩得不亦乐乎。

布希耐静静地看着孩子们，突然机敏的头脑产生一股灵感：现在市场上都是芭比娃娃、英俊的海军等外表漂亮的玩具，孩子们都已经玩腻了，如果制作一款外表丑陋的玩具，是不是就能重新唤起他们对玩具的喜爱之情呢？

想到这里，布希耐立马回到公司，部署设计人员研制了好几套“丑陋玩具”，例如外表狰狞的“病球”“粗鲁陋夫”，臭得令人作呕的“臭死人”“狗味”“呕吐人”等，并迅速推向了市场。

虽然这些玩具的售价超过了正常的玩具，但出乎人们预料的是，这些玩具问世以后一直畅销不衰，不仅给艾士隆公司带来了丰厚的利润，而且引发美国掀起了行销“丑陋玩具”的热潮。

“爱美之心人皆有之”，在别人眼里，漂亮的玩具深受市场的青睐，布希耐却“反其道而行之”地制作丑陋的玩具，这听起来有些不可思议，但是他却出乎人们预料使公司摆脱了困顿的绝境，开创了全新的事业和生活。

因此，我们应该打开思维的固定模式，试着换一个角度思考问题。

人的能力不是与生俱来的，在日常生活和工作中下意识地多想，凡事多问个为什么，一点一滴地积累，你就能获得从不同角度看待问题的能力，在处理问题时会更加得心应手，进而走出困境，看见希望。

幸运源于主动寻找

对于“机遇”，词典上解释为具有时间性的有利情况。所谓“时势造英雄”，机遇是每个人取得成功的“催化剂”。美国心理学家劳伦斯·科恩就曾说：“人生不是自发的自我发展，而是一长串机缘。”

基于这样的观念，有些人将成功寄希望于机遇，像守株待兔一样等待着机遇。结果怎样呢？经过漫长的等待，机遇貌似从不眷顾自己，人生陷入各种困境中，于是便开始埋怨自己运气不好，痛慨自己生不逢时。

是机遇真的没有来吗？其实，我们更应该静下心来问问自己：“我主动寻找机遇了吗？”“我主动创造机遇了吗？”要知道，机遇从来不会从天而降，全在于我们自己去发现、去挖掘、去创造。

李席鹃和马小芸是一对好朋友，两人拥有一个相同的职业理想，做一名电视节目主持人。大学毕业后，两人跑遍了A城的每一个广播电台和电视台，但是对方的回答均是：“对不起，我们只雇用有工作经验的人。”

李席鹃变得焦急、苦闷，不断地祈求上天能赐给自己一个机遇，她经常对别人说："我充分相信自己在主持工作方面的才能，只要有人能给我一次上电视的机遇，我相信自己准能成功。"但是她等待了一年多的时间，一直没有人给她提供这个机遇。

马小芸是如何做的呢？不给工作机遇，怎么能获得经验呢？马小芸觉得这个要求太不合理，倔犟的她开始为自己创造机遇。她仔细浏览广播电视方面的各种招聘信息，十几天后终于发现某县电视台正在招聘主持人。该县在山区，偏远荒凉、经济落后，可是马小芸已经顾不了那么多了，她想：只要能和电视沾上边儿，能让我主持节目，让我去哪里都行。

马小芸这一去就是一年，在这一年的工作时间里，她积累了丰富的工作经验，主持能力也提高了不少。当她再次到市电视台应聘的时候，轻而易举地就聘到了一个职位，并逐渐成为一位著名的主持人。

从李席鹃和马小芸的职业经历中，我们可以清晰地看到幸运者和不幸运者、成功者和失败者的不同生活轨迹。弱者等待机遇，强者把握机遇，智者创造机遇。机遇寻可得、坐可失。我们与其被动地等待机遇，将人生推向绝望的边缘，不如寻找和创造机遇，用机遇"催化"自己的成功。

著名剧作家萧伯纳曾说过这样一句富有哲理的话："人们总是把自己的现状归咎于运气，而我不相信运气。我认为，凡是出人头地的人，都是自己主动去寻找所追求目标的运气；如果找不到，他们就去创造运气。”

因此，当你再次想感叹自己命苦的时候，不妨学着静下心来寻找机遇吧。那些取得了轰轰烈烈成绩的佼佼者，大多信奉机遇不是等来的，而会积极地寻找机遇、主动地创造机遇，把自己的潜能发挥到极致，为自己赢取成功的筹码。

比如，犹太人相信这样的原则：“凡是自己所能做的事情，都要自己动手去做，绝不可以求神帮忙。”当代最伟大的篮球巨星迈克尔·乔丹直言：“我不相信被动会有收获，凡事一定要主动出击。”

尤其是在人才辈出、竞争日趋激烈的时代，机遇一般不会自动找到你，坐等机遇只能被社会无情地淘汰。只有敢于表达自己、展示自己，主动为自己创造机遇，幸运之神才有可能寻找到你。

一天，一位经济学专家站在讲台上，给他的学生讲述自己的亲身经历。

“在我刚到美国读书的时候，那时大学里常常会有各种各样的讲座，并且每次都是请华尔街或跨国公司的高级人员来讲演。后来，我发现了一个十分有意思的现象，那就是在每次开讲前，我周围的一些同学都会拿出一张硬纸，并且在中间对折一下，让硬纸立起来，然后用颜色很鲜艳的笔大大地写上自己的名字，再放在桌前。于是，讲演者需要听者回答问题时，他就可以直接看名字叫人。

我当时十分不解，便问旁边的一位同学，他笑着告诉我，他们这么做是为了能获得更多的机遇，因为到这儿来讲演的人都是一流的人物，若你的回答能引起他的注意，也就意味着他或许能为你提供很多机遇。这是一个很简单的道理。事实也是如此，我的确看到我周围的几个同学因为有出色的见解，最终得以到一流的公司供职。”

机遇是现成的吗？是在等待你吗？像河塘里的鱼等着你去捕捞？不是！很多时候，你是看不到机遇的，需要你主动创造机遇，哪怕这种可能性只有万分之一。

已经过去的岁月中，或许你一直在等待机遇，耗费了许多时光，却一直没有等到机遇出现。因此，从今天起，静下心来寻找并创造珍贵的机遇，把你的潜能发挥到极致吧！相信即使在最平凡的位置上，你也能做出不平凡的事。

蹲着哭，不如向前走

人生活在这个世上，不可能都是一帆风顺的，也许会遇到困难，也许会遭遇挫折，也许会体验各种变故。这时候，有些人很容易心烦意乱、委靡消沉，或者痛苦不堪、悲观失望，甚至失去面对生活的勇气。

诚然，这些表现不足为奇，甚至可以说是很正常的，但是如果形成习惯，人就会陷入消极被动的恶性循环而难以自拔。卡耐基大师就曾指出："最容易被人忽略的是，山谷的最低点正是山的起点，许多走进山谷的人之所以走不出来，正是由于他们停住双脚，蹲在山谷烦恼哭泣。"

你希望自己一辈子生活在绝望中吗？你甘愿自己一生平庸无为吗？如果你的答案是否定的，那么现在就让自己的心静下来，调整一下自己的心态，学着用积极的心态看待生命中的不幸，你会发现内心获得了全新的感受，不利于自己的局面将一点点打开。

人在生活中，要学会用积极的心态面对生活。所谓积极的心态，就是面对问题、困难、挫折、挑战和责任时，从正面去想，从积极的一面去想，从可能成功的一面去想，面对失败、挫折、误解、意外时不会自甘堕落、无所作为，而是阳光地把生活中的一切当作一种享受的过程。

心态有时会决定人的命运，积极的心态就是转运的阳光。因为它会让你看到生活的另一面正阳光灿烂，从而激发你内在的积极力量和优秀品质，让你最大限度地挖掘自己的潜力，让事情向有利于你的方向发展。

面对生活，既可以从悲观的方面看，也可以从乐观的方面看。不同的是，用悲观的态度对待人生，举目只是“黄梅时节家家雨”，低眉即听“风过芭蕉雨滴残”；用乐观的态度面对人生，则可看到“青草池边处处花”、“百鸟枝头唱春山”。

在经济萧条的企业寒冬时期，美国企业家理查 · 狄维士曾告诫我们：“人们需要保持着内心积极的力量，自始至终，永不放弃。特别是在人生不如意、不顺心、不快乐的阶段，我们更是需要拥有充足的心灵资源来支撑渡过。”现在我们把狄维士的智慧运用在当下，也未尝不可。

面临人生过程中的逆境时，我们不必绝望、自甘堕落、无所作为，而是要静下心来，及时地调整情绪，改变自己的心态。只要以乐观、向上、愉悦的积极态度面对人生，我们就会发现，生活里原来到处都可以充满阳光，进而走出困境，面向未来。

疾病、愁苦和不幸是蒙桑太太对自己生活的概括，她是一个活在绝望中的女人。她一生结过两次婚，第一任丈夫抛弃了她，和一个已婚妇人私奔；第二任丈夫在他们婚后不久就去世了，无儿无女。

蒙桑太太生命中戏剧化的转折点，发生在镇上的一条大街上。在一个很冷的日子，她走在大街上，突然滑倒了，脊椎受到了伤害，结果她不停地痉挛，而且昏了过去。医生认为蒙桑太太活不了多久了，也绝对无法再行走了。

躺在病床上，蒙桑太太利用读书来打发时间以及麻痹自己。其间，她读到这样一个句子："忧愁、顾虑和悲观的情绪，可以使人得病；积极、愉快和坚强的意志以及乐观的情绪，可以战胜疾病，更可以使人强壮和长寿。"

这几句话使蒙桑太太意识到自己一直不幸福且生活陷入绝望的问题所在。于是，她开始有意识地调整自己的心态，学着用快乐的、有益的、向上的、光明的心态看待生活，结果她不仅站了起来，还健康地活了下来。

"这种力量，"蒙桑太太说，"就像引发牛顿灵感的那个苹果一样，使我好了起来，开始行走，变得健康。我可以很有信心地说：一切的原因就在你的思想，而一切的影响力都是心理现象。"

积极的心态就是转运的阳光，当身处人生的低谷时，我们要学会静下心调整好心态，以积极的心态面对人生，做一个乐观的

人，快乐享受生活。如此，生活的阴影将被远远抛在身后，我们随时随地都面向着太阳。

静下心来，调整心态，用积极的心态看待生命中的不幸。“把铡草当作欣赏音乐，而且每次铡草还伴着 4/4 拍的节奏”，身处逆境而乐观面对，沉重的劳作便是一种音乐享受，这是怎样的一种境界。

第十章

静心清念，浮生一梦当释然

倘若心灵清净空明，那么方知金钱不过是蛆蝇粪土，

权位不过是镜花水月，名望不过是一场黄粱美梦。

所以，心灵空明之人释然于不富金钱、不攀权力、不得名望。

人生短如梦一场，富贵名利当如过眼云烟。

静下心来，清除富贵名利的欲念，过释然的人生。

平实，人生之清雅

俗话说：“人要脸，树要皮。”面子是很多人最注重的，因为它总是与一个人的人格、自尊、荣誉、威信、影响、体面等联系在一起。在一定程度上，有面子就有尊严，没面子就低人一等，受人歧视。

“一定得选最好的黄金地段，雇法国设计师，建最高档次的公寓……楼里站着一个英国管家，戴假发，特绅士的那种，业主一进门儿，不管有事儿没事儿，他都得跟人家说‘May I help you, Sir？’一口地道的英国伦敦腔儿，倍儿有面子……”电影《大腕》中这段经典台词，在令人爆笑之余，也折射出我们的面子心理。

爱面子是一种虚荣心的表现，可爱得其所、爱得有度、爱得得体，可以让我们获得心理上最大的满足，让我们的心情平和愉快，而且能够刺激我们用积极的行动去填补自己的欲望。

孙皓的一个朋友新成立了一家广告公司，特邀几个好朋友欢聚一堂。孙皓一向不胜酒力，席间以茶代酒，但朋友说了一句：“这点儿面子也不给吗？”于是，他牙一咬、心一横，一连喝了几个底朝天。

“孙皓，以后你要多多照顾我的生意呀。”朋友说道。孙皓只是公司的一名小职员，没有那么大能耐，但爱面子的他还是拍拍自己的胸脯说：“放心，有你在哪里会找别人。”朋友们无限羡慕，都说孙皓够义气，一瞬间孙皓感觉自己很伟大。看着孙皓胸有成竹的样子，朋友将他的话牢牢记在心里。

一段时间后，得知孙皓的公司要做广告，朋友找到他。这下孙皓慌了，可是如果这个时候说自己帮不上忙，多丢面子呀。朋友一句“看你当初说得那么胸有成竹，我以为你真的能行的。现在看来，我还是找别人吧，你不要为难了”，孙皓的心智就乱作一团了，便舍生取义、四处奔走。

不过，经过三番五次的折腾，公司依然将广告业务托付给一家国际知名广告公司。从这之后，朋友们开始感觉孙皓并不像自己说的那样能干，于是对他产生了一丝反感，真有什么事情也不敢托付给他，而孙皓自然也高兴不到哪儿去了。

孙皓就是太爱面子了，以致被虚荣心搅乱了心智，盲目地打肿脸充胖子，结果不仅没能达到炫耀自己的目的，还给自己招来难堪，引起了众人的反感，真是死要面子活受罪。

生活中，像孙皓这样爱慕虚荣的人并不少见。比如，有些人明明囊中羞涩，却还很喜欢装阔，请朋友去吃饭时还偏偏选择高档饭店；自己困难的时候，本来可以寻求帮助，却碍于面子不提出而失去了发展的机会……当时似乎挺有面子，但终究浮华过后，自己却走进死胡同而受苦遭罪。

面子华而不实，里子表里如一。外看一朵花，内心一团糟，这是徒有外表的绣花枕头。在生活中，我们要时时静下心来检视一下自己，看看自己是否要了不该要的面子，是否爱过了劲、爱过了头。

卡伦·休斯女士2005年9月就任美国副国务卿，她是小布什从老家得克萨斯州带到华盛顿的“圈内人”，入主白宫时总统专门为她创设了一个独一无二的职位——“总统顾问”。她为总统鞍前马后效力多年，媒体称她为美国“海外形象大使”。

解职后，很多人以为卡伦·休斯会在政府任正副部长之类的职务，岂料她竟到外地一所不起眼的幼儿园当教师了。“沦落到当幼儿园阿姨的地步，太失面子了”“堂堂副国务卿居然能接受这种人生起落，这太不可思议了……”

对于人们各种各样的评论，卡伦·休斯解释道：“这称不上什么大怪事，没有必要如此惊诧，关键是我乐在其中，并以此为傲。以前我的生活除了持续工作外没有别的，现在我没有必要为了面子继续那种生活，现在的一切都进行得非常好……”

人生在世，既不能为了面子而苟活，也不能为了面子而斤斤计较，向那些开明豁达的人学着静下心来，把名利富贵看淡一点儿，把事情看旷达一些，不必为了没意义的面子让自己受苦遭罪，顺其自然最可贵。

另外，“面子”不是来自于空虚的心灵，也不能流于轻浮，要靠真才实学和踏实勤奋来维护，一分耕耘一分收获，我们的底气才会越来越足，死要面子活受罪的事就会大大减少，人生也会过得洒脱。

对于此，老一辈无产阶级革命家陈云同志就曾讲过：“一个人应当不要面子要真理。要不唯书，不唯上，只唯实。”这“实”，就是实事求是、实实在在的东西，就是真理。真理胜于“面子”，真理大于“面子”。

因此，人生在世，应该时常静心检视一下自己，别被虚荣心搅乱了心智。静下心来，保持清醒的头脑，让我们努力做到“不要面子要真理”吧。

—— 虚名，不过浮生一梦 ——

不知从何时开始，在这个社会中，鲜花和掌声成为功名的附属品，而这些功名的确能在不同程度上满足一个人的虚荣心，因此许多人无时无刻不在幻想着手捧花环、万人簇拥的情景，热衷于追求功名。

殊不知，不能守住心灵的净土，迷失心智，刻意追求那些看不见、摸不着的虚名，这是导致我们心态失衡、身心疲惫的罪魁祸首，我们也终究会应了唐代诗人吴筠那句“虚名久为累，使我辞逸域”的老话。

正如《菜根谭》中所说：“世人只知道拥有名声地位是令人快乐的事，却不知道没有名声地位的快乐才是真正的快乐；世人知道挨饿受冻是令人忧虑的事情，却不知道不愁吃、不愁穿但精神上有某种痛苦才是真正的痛苦。”

丽蓓卡·夏普便是一个例子，她是英国作家萨克雷的名作《名利场》中的女主人公。

丽蓓卡·夏普出身寒门，父亲是个平庸的画匠，母亲是个受人鄙视的歌女，均已亡故，死后没给她留下一文钱。贫穷的生活使她不顾一切地想要走入伦敦这座大都市，希望自己能够在上流社会获得一席之位，成为一名尊贵的妇人。

丽蓓卡·夏普很漂亮，美貌是她左右逢源的武器。进入伦敦后，她趋炎附势、阿谀奉承，费尽心机地希望伦敦的上流社会接纳自己，可是那些上流社会的人只会去谈论那些光鲜的人物，戴着有色眼镜“注视”着丽蓓卡·夏普，就连玛蒂尔达夫人家里的侍女也瞧不起她的谄媚。

当残酷的现实一次次地摧残着丽蓓卡·夏普内心仅存的希望，

当名誉的诱惑一次次地向她内心的淡泊发起挑战时，她不知所措，后来嫁给一个上流社会人士成了她空虚的灵魂深处的救命稻草，也成了她唯一的信仰。接下来，丽蓓卡·夏普利用自己的年轻美貌，赢得了考利家族最有可能的继承人、军官罗登的欢心，并且秘密结了婚，因为女王考利这个姓氏会让她感觉到自己在这座都市的生存意义。

结果，因丽蓓卡·夏普卑微的出身，罗登失去了财产继承权，两人离了婚。丽蓓卡·夏普借助一切力量迈进所谓的上流社会，将真情与友爱遗忘到九霄云外，用尽心机，最终还是一文不名，她的一切心机全部白费了。

最终在书中，作者萨克雷用这样伤感而又无奈的语气说道："浮名乃是虚空，唉，一群极端愚蠢、极端自私的人，不顾一切地为非作歹而又热烈追求浮名，结果却是死亡、争吵和病痛……"

世人不辞辛苦地为了更高的职务和地位绞尽脑汁地寻找达到目标的手段和妙方，从而在不知不觉中玷污了自己纯洁的心灵，就算是捞到了一丁点儿名利上的好处，却已不受人喜爱，这才是真正的悲剧。

浮生一梦，须臾而逝，我们只不过是"沧海一粟"的过客，虚名终究只是一个晃人眼的光环，何必为了一个没有实质意义的"虚头彩"而沉陷为奴呢？更何况，功名再大终究逃不脱生死，每个人离去的时候，生前身后的名声都将随即飘落。

因此，不要再等“虚名白尽人头”的时候才痛心于那些光环、泡沫的破碎。静下心来，看淡那些一时耀眼的虚名，把“虚名拨向身之外”吧。看淡虚名，保持一种恬淡悠然的心境，一些更实在的东西才能被我们把握。

古往今来，那些大学问家都是这样做的，他们不屑于个人的名誉，而是将全部的心血和才华投入到自己喜爱的事业之中。所以，他们一方面能够享受心如止水的快乐，另一方面也能水到渠成地获得惊人的成就。

居里夫人是法国籍波兰物理学家、化学家，一生崇尚科学，先后共获得 10 次各种各样的奖金，还获得各种奖章 16 枚、各种名誉头衔共 117 个。但是，在这些至高的功名面前，她始终能保持一种安心随意的态度。

在法国和波兰，居里夫人“奖牌只是玩具”的故事可谓家喻户晓。

有一天，一位朋友到居里夫人家中做客，看到她的小女儿正在玩英国皇家学会刚刚颁发给她的一枚金质奖章，朋友大惊道：“英国皇家学会的奖章怎么能给孩子玩呢？这可是至高的荣誉呀！”

居里夫人看罢，淡淡地笑了笑，说道：“这有什么不可以，我是想让孩子们从小就知道，荣誉其实就像玩具一样，只能玩玩而已，绝不能永远守着它去生活，否则一辈子可能终将会一事无成。”

不仅如此，居里夫人还毅然辞掉了100多个荣誉称号，声称自己只要实验室。正是她始终能在荣誉面前保持一颗宁静淡然的心态，一心倾注于科学研究的品质，才使她能够第二次获得诺贝尔奖，最终到达辉煌的科学巅峰。

的确，功名就像玩具，只能供我们一时消遣，而且生不带来，死不带去，与其一生为它所累，不如用一颗平常心来看待它，将它看得淡一点，再淡一点，踏踏实实地做点儿事，生活才会越过越洒脱。

漫漫红尘岁月，无论浮华劳碌，我们都要时常静下心来，给心灵留有一方净土，淡泊一切功名，不为功名而生存，不为功名所劳累，更不要为追逐功名失去气节——处之泰然，不惊不喜；失之淡然，不悲不怒……

心素如简，人淡如菊

“天下熙熙，皆为利来；天下攘攘，皆为利往。”生活在物欲横流的时代，很多人在利益的诱惑下迷失本性，为了追逐一点儿小小的利益而出卖人格和道义，以致道德沦丧、灵魂丢失、人性泯灭。

一些人为谋取个人荣华富贵而出卖国家利益、民族利益，也出卖了自己的人格，结果滚鞍落马；一些人为了一己私利，也为了满足虚荣心，疯狂走私、贿赂官员、敲诈勒索，结果招致牢狱之灾……静心想想，这样的利益有必要去追求吗？

人生的目的不是获取最大化的利益，而是正义和尊严。中国古话讲：“人活一口气，树活一张皮。”说的就是做人要有骨气，保持善良纯真的本性，不为名利浮华所改变，不轻易放弃自己做人做事的原则。

做人需要有一些“富贵不能淫，贫贱不能移”的浩然之气，心灵应有一方净土，不因贪图财富而不择手段，不因称羡官衔而突击钻营，不因追逐名利而忘掉气节，换句话就是决不能为了“五斗米”而折腰。

不为五斗米折腰，是一种从容淡定的气节，是一种安心随意的生活方式。中国古代有不少因维护人格而蔑视功名富贵，不肯趋炎附势、保持气节而不食的故事。其中，陶渊明就是最具代表性的一例。

陶渊明生活的时期，朝代更迭，社会动荡，人民生活非常困苦。公元405年秋天，已过“不惑之年”（41岁）的陶渊明为了养家糊口，在朋友的劝说下出任离家乡不远的彭泽县令。

一年冬天，县里派督邮来了解情况。这位督邮是一个粗俗而又傲慢的人，一到彭泽县的地界就派人叫县令来拜见他。陶渊明得到消息，虽然心里很瞧不起这种假借上司名义发号施令的人，但也只得马上动身。不料，有人拦住陶渊明说："参见这位官员应当穿戴整齐、恭恭敬敬地去迎接，否则他会在上司面前说你的坏话。"

陶渊明听后长长叹了一口气："我不愿为了小小县令的五斗薪俸，就低声下气去向这些差劲的家伙献殷勤。"说完，他马上写了一封辞职信，离开了只当了80多天的县令职位，从此再也没有做过官。

从官场退隐后的陶渊明，在自己的家乡开荒种田，过起了自给自足的田园生活。在田园生活中，他找到了自己的归宿，写下了许多优美的田园诗歌："暧暧远人村，依依墟里烟""采菊东篱下，悠然见南山"……最终，这些诗歌将陶渊明推到中国最早的田园诗人、著名文学家的位置上。

陶渊明"不为五斗米折腰"，蔑视功名富贵，不肯趋炎附势，虽然生活因此而凄凉了一些，但是他获得了心灵的自由、人格的尊严，活得从容淡定，为后人留下了宝贵的文学财富，也留下了弥足珍贵的精神财富。

在现代社会，我们要想生活得安心自在，就要像陶渊明学习不为"五斗米"而折腰的精神，在各种利益面前静下心来，不被虚荣心所控制，不为现实的某种实际利益而牺牲或出卖自己的尊严、人格、理想等。

林萍是一家IT公司的技术骨干，由于公司准备改变发展方向，林萍觉得公司不再适合自己，准备换一份工作。凭借在行业中的影响力以及自身的能力，林萍决定去本市最大的一家IT公司应聘。

该公司负责面试的经理对林萍的资历和能力很满意，却提了一个让她大为吃惊的条件：“我听说你原来的公司正在研究一种新软件，听说你也参与了这项技术的研发，如果你能把研究的进展情况和取得的成果告诉我们，明天你就可以来上班，而且你的工资将会是原来的两倍……”

尽管林萍对这家公司的影响力和实力都很满意，但她保持了理智，态度坚决地说：“我不能答应你的要求，尽管我已经离开了原来的公司，但我决不会因求取一份工作而做出卖公司的事情。”

林萍以为自己不可能得到这份工作了，但就在当天晚上，那位经理打来了电话，诚恳地说：“林小姐，你被录取了，并且是做我的助手，不仅是因为你的能力，更是因为你正直、忠诚的品质，你是好样的！”

当公司与个人利益发生冲突时，林萍没有为了争取自己的利益而出卖原来公司的机密，这样的人永远是受人尊敬的，结果她获得了理想的工作，相信无论在哪家公司，她都能受到重用。

虚荣时静下心来，保持一种安心随意的姿态，以气节操守为重，不为世上任何名利浮华所改变，不为一点小小利益出卖人格和道义，你就一定能达到从容淡定的境界，进而获得人生的更大成就。

不在自己的世界里羡慕别人

在现代社会，一些人的虚荣心理很严重，总觉得工作职位不如别人高、房子不如别人家的大、车子不如别人的贵、爱人不如别人的好、孩子的成绩不如别人孩子的好……由此相互攀比、相互追逐。

常言道“人比人，累死人”，这不是一句空话。在虚荣心的驱使下，我们不停地攀比，把生活重心放在别人身上，却忽略了自己真正需要的生活，最后只能是永远也得不到心理上的满足，将自己置于无穷尽的痛苦之中。

伯伯从南洋经商回来，送给大宝和小宝各一双很精致的象牙筷子。

大宝接过了那双精致名贵的象牙筷子之后，心想：这么精美的象牙筷子，如果没有好的碗碟来相配真是糟蹋了，便拿出积蓄购买了一套上等的餐具。小宝没有积蓄，但他心想：“我可不能输给哥哥，”于是借钱买了一套精美的餐具。

不久之后，大宝通过努力挣了些钱，又买了一套好的餐桌椅来相衬。小宝听说后很不服气，为了超过哥哥，他便向朋友借了一些钱，也买了一套精致的餐桌椅，而且无论款式还是质量都比哥哥的出色。

想到餐厅用具讲究，家里其他部分却不相衬，于是大宝更加努力工作，又赚了许多钱，彻底地将家里重新装饰了一番，那些精美的餐具及餐桌椅显得更漂亮了，邻居朋友们都赞不绝口、羡慕不已。

小宝心想自己一定不能输给哥哥，也要好好装饰一下家里，但是他没有钱，于是又硬着头皮开始向朋友借钱。但是看小宝这样挥霍，又没有额外的收入，朋友都纷纷躲着他了，最后只剩下一大堆债主围绕在他身边。

由此可见，发家的历程是艰辛的，不可能所有人都能发家致富，生活的差别无处不在。如果难以克服虚荣之心，不断地与别人攀比，总希望自己比别人拥有更多，最后只会享受不到生活的快乐，这是一种多么愚蠢的行为。

当我们沉溺于攀比的虚荣时，请及时静下心来问问自己：是否将生活的重心放在别人身上、是否正处于比较后不平衡的心理状态下？同时，问问自己，什么样的生活才是自己真正需要的。

要知道，世间没有两片完全相同的树叶，也没有两段完全相同的经历，终其一生，生活对每一个人都是公平的。所以，我们无须将自己的生活表演给别人看，更没必要将自己的眼光投放在别人的生活上，盲目地同别人做无意义的比较。

比如，生活中我们总是羡慕那些明星、名人日日湮没在鲜花和掌声中，名利双收，但是他们光鲜的背后却有着不为人知的心酸。美国前总统里根曾几度风光，晚年却备受不孝子的敲诈、虐待；英国王妃戴安娜如果没有魂断天涯，又有几人知道她与查尔斯王子那场“经典爱情”竟然是那么糟糕……

虚荣的时候静下心来吧，摆正心态，多关注一下自己，学会理性地分析生活，用欣赏的眼光享受当下的美景，你会发现自己原来如此的富足，进而获得心灵上的快乐和满足，感谢上天所赐予自己的一切。

一个青年总是埋怨自己不如别人，生活不幸福，终日愁眉不展。

这天，一个须发俱白的老人走过，问：“年轻人，干嘛不高兴？”

“我不明白我为什么老是这么穷，别人都那么富有。”青年人回答说。

“穷？我看你很富有嘛。”老人由衷地说。

“这从何说起？”年轻人问。

老人没有正面回答，反问道：“假如今天我折断了你的一根手指，给你1000元，你干不干？”

“不干！”年轻人回答。

“假如斩断你的一只手，给你10000元，你干不干？”

“不干！”青年人毫不犹豫地回答。

“假如让你马上变成80岁的老翁，给你100万元，你干不干？”

“不干！”青年人坚定地摇着头。

“这就对了，你身上的钱已经超过了100万元了呀！”老人说完，笑吟吟地走了。

这个故事告诉我们，那些老认为自己太差、比不上别人的人，并不是他们真的一无是处，而是虚荣心太强，不关注自己所拥有的，忽略本就属于自己的幸福，这样就会在不自觉之中多了几分烦恼与忧愁。

放轻松一点吧！人与人之间的差异是永远存在的，每个人的处境与机遇都不同，根本没有可比之处，无须比较。有这样一句话：“玫瑰就是玫瑰，莲花就是莲花，只要去看，不要攀比。”的确，玫瑰有玫瑰的娇艳，莲花也有莲花的清淡，用心欣赏就能享受到快乐和满足，不是吗？

如果你真的想比较，那么不妨与那些不如你的人相比。美国作家亨利·曼肯说过："如果你想幸福，有一件事非常简单，就是与那些比你更穷、房子更小、车子更破的人相比，你的幸福感就会增加。"

有这样一个感人的故事。

萨迪家境贫寒，父母没有钱给他买鞋，他一直都为自己没有一双完整的鞋而感到沮丧和不幸。直到有一天，萨迪看到了一个拄着拐杖乞讨的人，顺着那人的拐杖往下看，竟然发现他没有双脚。这时候，萨迪才意识到自己是多么富有、多么可悲：富有是因为他还有一双健全的脚，而可悲则是因为在原来那么长的时间里，他不懂得珍惜拥有的一切，从来没有品味过自己的生活。

生活的差别无处不在，如果难以克服虚荣之心，不断地与别人攀比，最后只会永远得不到心理上的满足，将自己置于无穷尽的痛苦之中。何不静下心来多关注自己拥有的呢？你会发现自己原来如此的富足。

永远不要羡慕别人的荣华富贵，不要与人盲目地攀比。剔除掉那些不必要的烦扰，你就更能清楚自己的人生方向和目标；尽自己最大的努力去过好自己的生活，你就一定会真正地感受到幸福与快乐。

宠辱不惊，去留无意

世间有很多事情都是难以预料的：有时候，我们会受到幸运女神的眷顾，收获意想不到的幸福，例如受到老板的赏识、买彩票中了大奖等；但同时，春风得意的时候却突然发生一些让人灰心丧气的事情，如惨遭公司辞退、生意失败……

面对这些突发状况，我们往往会因为得宠而太过兴奋、忘乎所以，也会因为太过悲伤而抱怨不已、痛不欲生。这两种极端的表现均是因为虚荣心在作祟，是虚荣心冲破了我们的心理防线，导致了心理上的失衡。

贺若敦是北朝北周的中州刺史。与陈朝作战时，在粮草和援兵不能及时到达的情况下，他运用计谋使陈朝自动撤兵，保全了军队。贺若敦认为自己使“全军而返”，应该受赏，不料北周的实权人物晋公宇文护却认为他“失地无功”，将他贬职。

看着和自己差不多的人都已经做到大将军了，唯独自己得不到晋升，贺若敦心里很不舒服，也不服气，便抱怨宇文护不辨是非、严惩不明，结果被赐服毒自尽。贺若敦感慨自己一生领军作战，功劳显赫，却因为追求高位不能自持而丢了性命，临死前他用锥子刺破舌头，让儿子贺若弼引以为戒。

贺若弼不愧是将门之后，担任重要将领后，屡立战功，还击败了陈军的主力，令陈军闻风丧胆。但是很可惜，他没有听进父亲的告诫，常为自己的官位比别人低而大发牢骚，结果先是被棒打入狱，后又被处死。

在这两场历史悲剧中，虽然晋公宇文护有失公允，但是贺家父子也有责任，他们眼红高位，因得不到重用和提拔而抱怨不已，结果两代杰出人物只留下一段如昙花般脆弱短暂的历史记忆，真是可悲。

因此，虚荣时我们应该静下心来，学学宠辱不惊的智慧。

《幽窗小记》中有这样一副对联："宠辱不惊，看庭前花开花落；去留无意，望天上云卷云舒。"这句话的意思是说，为人做事能视宠辱如花开花落般平常，才能不惊；视职位去留如云卷云舒般变幻，才能无意。

一副对联，寥寥数语，却深刻道出了人生对事物、对名利应有的态度：心境平和、得之不喜、失之不忧、宠辱不惊、去留无意，管它春夏与秋冬，这样才更有大丈夫能屈能伸的崇高境界。

心平气和，宠也自然，辱也自在，不大喜也不大悲，将名利富贵视为过眼云烟，得宠时安然享有，受辱时也不悲伤。古往今来万千的事实证明，凡是有所成就的人无不具有这种"宠辱不惊"

的宝贵品格。

19世纪中叶，美国实业家菲尔德率领他的船员和工程师们，用海底电缆把“欧美两个大陆联结起来”。菲尔德因此被誉为“两个世界的统一者”，一举而成为美国最光荣、最受尊敬的英雄，他却没有得意洋洋，而是淡然处之。

谁知一段时间后，海底电缆技术发生了故障，刚接通的电缆传送信号中断，极大地影响了人们的生活和工作。顷刻间，人们的赞词颂语变成愤怒的波涛，纷纷指责菲尔德是“骗子”“失败者”。

面对如此悬殊的宠辱逆差，菲尔德心平气和、泰然自若，他没有理会那些恶劣的批评者，一如既往地进行着研究工作，坚持着自己的事业。经过6年的努力，海底电缆最终成功地架起了欧美大陆的信息之桥，菲尔德又成为英雄人物。

毋庸置疑，菲尔德能够挣脱虚荣心的控制，深谙宠辱不惊这一生活智慧。他能够以坦然的心态看待名利富贵，不因别人的歌颂而得意洋洋，也不因别人的指责而自暴自弃，进而赢得了令人羡慕的成功人生。

在追名逐利、心浮气躁的现代社会，宠辱不惊就更显得是一种难得的境界了。不过，宠辱不惊说起来容易，做起来却十分困难，因为名利皆你我所欲，又怎能做到不忧不惧、不喜不悲呢？

否则也不会有那么多的人穷尽一生追名逐利，更不会有那么多的人失魂落魄、心灰意冷了。因此，我们在平时就要加强这方面的修养，用“宠辱不惊”的思想观念给自己筑起一道“精神防线”。

首先，要明确自己的生存价值。“自古功名输勋烈，心中无私天地宽。”在虚荣面前要静得下心，找到生活的意义所在，明确自己的生存价值，你会认识到名利富贵只是实现自己价值的一种方式，而不是目的。将名利富贵视为过眼云烟，心中无过多的私欲，又怎会患得患失呢？

其次，要看淡荣辱得失。无论身处怎样的境地，我们都应当尽量静下心来，明确地认识到人生在世，有褒有贬、有毁有誉、有荣有辱、浮浮沉沉，这是人生的寻常际遇，不足为奇。心态平和、恬然自得，方能不被虚荣心所控，从而笑看人生。

一位名人曾在遗作中写道：“生亦欣然，死亦无憾。花落还开，水流不断。我兮何有，谁欤安息。明月清风，不劳牵挂。”这正充分体现了一种宠辱不惊、去留无意的达观。

宠辱不惊，是一种思想境界，更是一种生活状态。每个人都需要这种心态，看淡名利富贵，在遇到荣辱得失的变动时，就不会惊慌失措、患得患失，能以淡定、从容之态面对各种突发和意外。

平平淡淡，真真实实

在这个急功近利的社会，许多人将权力与金钱作为人生奋斗的目标，在追名逐利上最大化地下功夫，他们追求生命中的华彩，哪怕只是短短的瞬间。与此同时，他们也鄙视风平浪静、波澜不惊的人生。

殊不知，红尘世界既不是有钱人的世界，也不是有权人的世界，而是有心人的世界。心灵被虚荣心所驱使、被物质生活所累，纵使身份显赫、腰缠万贯，也终究体会不出自身生命的精彩，难以感受到生活的意义。

“曾经在幽幽暗暗、反反复复中追问，才知道平平淡淡、从从容容才是真”，这是一首耳熟能详的歌，歌词虽通俗，道理却很深刻，即始终保持一份恬淡的心境，享受平平淡淡的生活，这才是生活的常态。

我们的生活不是戏剧，不需要那么多曲折的情节，不需要那么多耀眼的灯光，不需要那么多美言佳句，因此当我们受到利益、名声、荣耀、地位等的诱惑时，就需要静下心来，用心体味平平淡淡的幸福。

范伟曾经演过一部电视剧《老大的幸福》。在剧中，他扮演的傅老大是一位普普通通的足疗师，既不如做董事长的弟弟老二有钱，也不如做处长的老三有权，更没有做演员的老四风光，甚至不及做教师的小五体面。

但是，在兄妹5人之中，傅老大却是最幸福的。他的弟弟妹妹们虽然有权、有钱、有名、有地位，但他们却为名利所累：身为房地产公司董事长的老二一切行动都是公司至上，一切从利益出发，与他人的关系都是赤裸裸的金钱关系；官居显位的老三一心想往上爬，猥猥琐琐；身为明星的老四怀揣着大腕的梦想，在娱乐圈的潜规则中痛苦周旋，逢人便笑，暗地里却流泪；身为教师的小五，被学生家长搞得狼狈不堪，只好抛弃真情，攀富求贵。

他们之中，有钱的想要拥有更多的钱，有权的想要拥有更大的权，风光的不满足现状，体面的终日为升迁无望而烦恼。虽然他们的物质生活比起老大来优越得多，可是他们的内心深处距离幸福却很远，最终他们谁也没有傅老大幸福。

傅老大通过做足疗挣钱养活自己，只想过一种平平淡淡的生活，在他的眼里："腌鸭蛋一吃，嘿，就是幸福。"所以他要比那些有事业、有粉丝的弟弟妹妹们幸福多了，也给他们生动地上了一课："什么才是幸福生活。"

就像范伟主演的傅老大一样，他不在乎手里有多少金钱，也不在乎自己手上有没有权力，更不在乎自己是不是体面，甘心过如此风平浪静、波澜不惊的生活，还让自己过得踏踏实实、舒舒服服，这就是幸福。而那些弟弟妹妹，一味地追逐金钱、权力、地位，最终却体会不到自身生命的精彩，为此都极为烦恼。

静下心来，调整心态，淡然地看待一切虚荣吧！要知道，一个人的一生有轰轰烈烈的辉煌，但更多的是平平淡淡的柔美。不是有句话说:“人生是5%的刺激、5%的痛，再加上90%的平淡。我们为了5%的刺激而忍受5%的痛，然后用90%的平淡来度过。”

“繁华过尽皆成梦，平淡人生才是真。”一切最简单的，都是返璞归真的。面对太多的诱惑，面对浮躁的社会，面对浊水横流的尘世，人需要保持一份恬淡的心境。就像辜鸿铭先生说的:“一个人如果能受得了平淡，才是真正的修养到家。”

史密斯与戈登是商场上的老对头，最近，他们同时累倒，被家人送进了疗养院。这家疗养院坐落在山水秀美的瑞士，他们没想到会在这里看到老对头。

看着对方憔悴的面容，他们都有些感慨，静下心交谈的次数越来越多。他们渐渐发现，两个人的生活有很多相似之处。例如，他们的家庭看似幸福，却有很多裂痕，不但与妻子儿女感情冷淡，就连朋友也没有几个，他们每天都在为生意忙碌，直到失去健康。

有时候他们也会谈论自己还能活多少年，不约而同地对过去的几十年感到遗憾。他们发觉除了商场上的成就，他们的人生中竟然没有其他称得上“幸福”的东西，他们的生活似乎被金钱绑架，从未属于自己。通过将近半年的治疗，两位老人的健康有了好转，他们同时将自己的生意交给后代，决定用剩余的生命尽情享受生活。

生活中的我们与故事中的史密斯和戈登一样，一直忙忙碌碌地追求事业，追求金钱，追求成就，却忘了自己最初的目标。其实，有高成就也好，没高成就也罢，每个人心中都要有一把自己的标尺。不为外界的纷争所扰，不被虚荣心所控制，认认真真地经营好自己的生活。那么，即使在平凡的工作中也能有不俗的成绩，在平淡的生活中也能领略到无限乐趣。

世间万物都是平平淡淡的。小草是平平淡淡的，用自己轻、柔、小的生命，铺就了绿色天涯；水流是平平淡淡的，却坚持不懈，能把顽石击得千疮百孔；母爱是平平淡淡的，却能使铮铮铁汉潸然泪下……

在竞争日益激烈、诱惑日趋纷繁的社会里，我们需要保持一份恬淡的心境。虚荣时静下心来，有所求而亦无所求，远离庸俗的功利思想，拥有一颗平淡之心，你就拥有了宁静、淡泊、从容和美好。静下心来，用心体味平平淡淡的幸福，在平平淡淡的生活中领略人生的无尽乐趣，充实自己的人生。

第十一章

静心淡欲，盛放如莲归本真

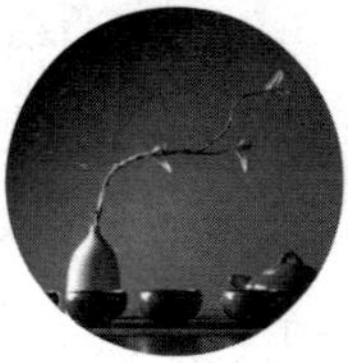

只有心灵清虚空灵，才能观照万物；

只有心灵纯真无妄，才能虚己受物。

贪婪时静下心来，淡泊自己的欲望，以莲之高洁迎心之淡雅，

回归最纯真的自己。

无论喧嚣世界如何诱惑，从不让自己的心被其蒙尘。

别把心变成黑洞

“有钱能使鬼推磨，钱是杀人无血刀。”人们常把金钱称作万恶之源，其实，可怕的不是金钱，而是贪欲。

一个人如果对金钱过于贪心，持占有态度，视金如命，那么他很容易就会被金钱占有，沦为金钱的奴隶，一生都要为金钱所左右。正如一位哲学家所说的那样：“他并没有得到财富，而是财富得到了他。”

从前，有一对老夫妻，他们很穷，有时还经常挨饿。一天，丈夫对妻子说：“我们给上帝写一封求助信吧，看上帝会不会注意到我们这两个孤苦无依的老人，好帮助我们改善一下生活现状。”

“真的有上帝吗？我们怎么把信寄出去呢？”妻子疑惑地问。丈夫回答：“如果真有上帝的话，不论我们的信用什么方法寄出去，他都一定能收到。”于是，他们写了一封信，并在信封上署了上帝的名字，然后把信扔出门外，信被风吹走了。

碰巧，一个善良的人捡到了这封信，他好奇地将信打开，被信中老夫妇的真诚和境遇感动了，决定帮助他们。于是，他自称是上帝的使者，将自己身上仅有的98美元送给了那对老夫妇。

老夫妇收下了98美元，但是等善良的人走后，丈夫却怎么也高兴不起来，坐立不安地说：“这个使者不诚实，很可能是上帝让他给我们送100美元，那个骗子却拿走了2美元当自己的佣金。上帝真是不敬业，他应该直接拿着100美元来我们家的……”

就像故事中的男人，善良的人慷慨地帮助了他，他却想要更多的钱，对金钱的欲望吞噬了他的内心，贪婪之心使他背上了沉重的心理包袱，他多像一个被掌控的木偶，渐渐地被牵引着背离了生活的意义。

生活在现代商业社会，每个人都有追求财富的权利。不过，在追求金钱的过程中，我们一定要静下心来，控制好对金钱的欲望，恪守“君子爱财，取之有道”的古训，做到适可而止、张弛有度。

回首生活，我们也许会有这样的困惑：拥有的金钱不是越多越好吗？有了更多的钱，我们就能买到更多好吃的、好穿的、好用的、好住的，这能提高我们的生活质量，到时候我们会过得快乐幸福，怎么会变成金钱的奴隶呢？

殊不知，快乐和幸福与一个人所拥有的物质财富的数量可能成正比，但又不一定成正比，它们之间并不能画等号。过去不会，现在不会，将来同样也不会。因为快乐与幸福和心态有关，是一种主观的感受。

所谓“种瓜得瓜，种豆得豆”，我们种下了名利财富的因，就必然得到贪婪的果。快乐与幸福来自于内心，内心若被金钱的欲望所污染、所吞噬，就始终是不满足的、空虚的，何谈真正的快乐与幸福的感受？

一个真正懂得生活的人会明白，活着不是为了赚钱，生活中还有很多有意义的东西。他们不会一味地贪恋金钱，而是用心体会生活中真正的快乐和幸福。他们追逐财富，也驾驭财富，永远不会沦为金钱的奴隶。

在这一点上，世界巨富比尔·盖茨做得非常好。

比尔·盖茨经常告诉那些向他求经的朋友：“如果你认为拥有享用不尽的金钱，便可享受到常人无法享受到的快乐，那你就错了。其实，每当一个人拥有的金钱超过一定数量时，它就只是一种数字化的财产标志而已，简直毫无意义。”

“我只是这笔财富的看管人，我需要找到最合适的方式来使用它。”这是比尔·盖茨对金钱最真实的看法。他很少关心自己账户上的金钱数目，也不在意自己股票的涨跌，他利用它们做投资、做慈善等，努力让自己的人生更有意义。

不要让贪婪的欲望蒙蔽了双眼，学着将金钱看淡一点吧。无论何时，在金钱面前静下心来，对金钱持一种不占有的态度，把金钱看作身外之物，做到随时可以放弃，你就能做金钱的主人，从容地体会生活的酸甜苦辣，体会内心真正的幸福。

总之，生命中应该拥有的不仅仅是金钱，还有很多东西值得我们去追逐，比如亲情、爱情和友情等，我们不要一味地追逐金钱，更不能为金钱所累。学着控制对金钱的欲望吧，与金钱拉开一定的距离，用心地体会生活中真正的快乐和幸福，让生命更有意义。

花半开，酒半醉

关于贪婪之心，那些拥有较大名利、较多金钱、较高地位的人似乎更应该引以为戒。千万不要以为自己已经稳如泰山，要清醒地认识到“福兮祸之所伏”，也许你已经坐在即将喷发的火山口上，只是自己不知道罢了！

拿破仑·波拿巴，法兰西第一帝国皇帝，他一生大小征战百余次，大多攻无不破，战无不胜，被称为“奇迹创造者”，后来却因为一次又一次的贪婪，他最终毁了自己的名誉，断送了自己的前程。

拿破仑成名于1789年法国大革命爆发时期，其间他积极投入这场革命，曾先后出征意、埃、英、俄、奥等国，凭借着非凡的军事才能与勇气，一再创造军事上的辉煌，极大地震撼了欧洲各国的王室。在短短几年内，他由一个默默无闻的炮兵上尉跃升为一个率领数十万大军的将领，被推举为法兰西共和国终身执政。

面对这些辉煌的成就，拿破仑的欲望无限膨胀，进而不满足于登上法国皇帝的宝座，开始大肆瓜分欧洲领土，一心想成为欧洲大陆的“主人”。这种对权力的贪婪使他变成一个不理性甚至是荒谬的人物，用他的话来讲：“我不知道什么是极限，只向往一个世界帝国，世界要求我来统治它。”

对于拿破仑的侵略行径，欧洲列强当然不会善罢干休，从1806年到1810年，他们共组成3次反法同盟，随后均告瓦解，但反抗总是不断。直到1812年6月，拿破仑率领60万大军逼进莫斯科，在天寒地冻及俄国正规军与游击队不断骚扰下彻底瓦解了，他只率2.7万名残兵败将退回巴黎，留下“滑铁卢”的败绩。

拿破仑一生最大的悲哀是“滑铁卢”败绩，而这正是源于他极大的贪婪之心，他攻城略地无数，却从未满足，也不知止境，没有危机意识，有的只是冲击意识，结果变成一个地地道道的战争赌徒。

试想，如果拿破仑真的当上了世界的皇帝，想必他也不会有所满足和快乐，因为他给自己制造了一个从未战胜过的敌人，即无尽的欲望。欲望越多，心中就充满了矛盾、忧愁、焦躁和不安，心灵上也因此承受巨大的压力，以致活得很累。

因此，在功名利禄面前我们要学着静下心来，尝到甜头就适可而止，千万不要贪得无厌。宋代著名文学家欧阳修的诗句："定册功成身退勇，辞荣辱，归来白首笙歌拥。"即奉劝人们要收敛意欲、见好就收，不要贪婪权位与名利。

控制心中的贪欲，功成身退、见好就收，这并不是自甘消沉、自我毁灭，而是全身远祸的一种明智的生存方法，它能更彻底、更有效地保住你的既得利益，也能帮助你获得更多人的尊重和支持。对于此，越国大夫范蠡就是其中最成功的典型。

当年范蠡辅助勾践20多年，在越国被吴国灭了之后，是他提出降吴复国的计策，并和越王勾践一起到吴国为奴，千方百计帮助勾践回国，并于公元前473年一举消灭吴国，使越国成为南地方的霸主。

勾践复国之后，范蠡知道他是一个能共患难但不能同安乐的人，于是见好就收、急流勇退，毅然弃官离去，后改名陶朱公，靠生产发家，经商致富，终成一代商圣。李白的"明朝散发弄扁舟"中说的便是范蠡。

与之相反，士大夫文种认为国家大局已定，自己为越国立下了汗马功劳，接下来将有数不尽的荣华富贵，于是没有听取范蠡归隐养老的规劝，并一而再、再而三地向勾践进谏对大臣们论功行赏，结果被勾践赐剑自刎。

“福兮祸之所伏”，范蠡的高人之处就在于他意识到了这一点，明智地选择了功成身退，不贪图荣华富贵，结果得以保命修身，成为后人称颂千年的英雄。试想，如果他贪恋高位、贪图钱财，那么恐怕他的下场将和文种一样悲惨。

莫被贪心所控、凡事适可而止、不急不贪乃是生命持续快乐的真谛。俗话说“花半开，酒半醉”，意思即说花在半开半闭时是最迷人的，酒在慢品微醉时是最美味的，过于贪婪反而享受不到真正的乐趣。

面对名利、金钱、物质的迷惑，静下心来，摒弃贪心，见好就收，造就一片心灵的净区，调整好自己的位置，这是何等的旷达超然！而唯有具备这种宁静淡泊的心态，才能获得精神上的提升，有效地保护自己。

放下，心灵刹那花开

当追求身外之物时，我们很多人总是太过于贪心，不加选择地疯狂敛取，又害怕失去已得到的东西：有了功名，就对功名放不下；有了金钱，就对金钱放不下；有了爱情，就对爱情放不下；有了事业，就对事业放不下。

这样做的结果是什么呢？紧紧地握着拳头，这个放不开，那个也丢不下，拿得起，放不下，当拥有的东西越来越多，五次三番地沉湎其中，我们将失去一些更重要的东西，快乐与幸福将永远与我们无缘。

有一个5分钱硬币和3万元古董花瓶的故事很好地诠释了这一点。

一位年轻的母亲正在厨房里做饭，忽然听见客厅里传来4岁儿子极度恐慌的声音。母亲闻声跑过去，发现儿子的手卡在了一个花瓶中，无法抽出来，痛得连声直叫。母亲想帮儿子将手从花瓶中拉出来，可试来试去也无济于事。

看着儿子脸上挂满了泪水，手腕处被瓶颈勒得通红，母亲心疼极了，她仅仅犹豫了几秒钟，便找来一把锤子，小心翼翼地开始敲打这个花瓶。费了很大的劲儿，儿子的手终于出来了，只见他将手紧紧攥成一个拳头。

母亲吓坏了，以为孩子的手在花瓶里卡得太久变形了。待她将儿子的拳头小心地掰开时，一面彻底松了口气，一面哭笑不得：孩子的手没事，原来他的小手心里紧紧攥着一枚5分钱的硬币，而那个刚刚被她敲碎的却是一个价值3万元的古董花瓶。

为一枚 5 分钱的硬币，砸烂了一个价值 3 万元的花瓶，这个故事听起来未免有些可笑。但唏嘘一番之后，我们可曾意识到，这个发生在 4 岁孩子身上的故事，其实也普遍存在于你我之间，而我们之所以紧抓“硬币”不愿松手，就是因为害怕一旦放手，这些本来已属于自己的东西就再也没有了。

殊不知，这时候最好的办法是静下心来，学会放手。人生不要过于贪心，不要总是握着拳头，在必要的时候要学会“放手”，放下的越多，你拥有的就越多。正如一句话所说：“握紧拳头，你的手里是空的；伸开手掌，你便拥有全世界。”

有一位名叫黑指的婆罗门一手拿着一个花瓶，前来献佛。

佛陀对黑指婆罗门说：“放手！”

婆罗门把他左手拿的那个花瓶放下。

佛陀又说：“放手！”

婆罗门又把他右手拿的那个花瓶放下。

然而，佛陀还是对他说：“放手！”

这时，黑指婆罗门说：“我已经两手空空，没有什么可以再放下的了，请问你要我放手什么？”

佛陀说：“我并没有叫你放下你的花瓶，我要你放手的是你的六根、六尘和六识。当你把这些统统放手，再没有什么了，你将从生死桎梏中解脱出来。”

世人都想抓住已经到手的东西，但他们抓住的只是欲望而已。欲望空虚如火，时时都在燃烧，而结局就是欲望将变成一堆冰冷的灰烬。因此，贪婪时我们要静下心来，学会放弃一些物欲上的诱惑，控制好个人的欲望。

不执着于世间的一切物质名利，一个“放”字蕴涵着千般哲理，能使复杂的生活回归简单，纷乱的思绪回归明晰，浮躁的心境回归淡然。放，是画龙后的点睛，是深刻后的平和。放下，你将快乐自在；放下，心灵刹那花开。

王小丫主持的《开心辞典》节目充满了智慧和人性的美丽。答题者面前有12道题，每答对3题可以实现一个家庭梦想。一个梦想实现后，王小丫会微笑着问：“继续吗？”继续下去，或者成功，或者失败，退回到原点，答对12道题的人并不多，但是大多数选手依旧选择继续。

有一位答题者之所以值得佩服，是因为他选择了放弃。在他闯过第9题的时候，3个求助方法他已经全部用完，王小丫问他：“继续吗？”

这时，他怀孕的妻子就在台下，关切地看着他 。思索片刻，他很肯定地说：“我放弃。”

王小丫继续问：“真的放弃？不后悔？”

他笑着说：“嗯，不后悔！人生懂得放弃，才会得到更多。”

全场响起了热烈的掌声。

人最大的愚笨有时就在于只想拥有，把得到看成理所当然，而不知道如何放弃。承载了太多的物欲和虚荣，生命之舟只会在中途搁浅和沉没。从现在起，远离红尘世间林林总总的诱惑，放下心中过多的欲望吧。

放弃，是痛定思痛后的清醒，是超越世俗的大智慧。谁能做到这一点，谁就拥有了安心随意的心境，不会沦为物欲的傀儡，做起事来也不会再感到慌张和浮躁，将会在豁然开阔的眼界里发现人生更多更美的风景。

赠人玫瑰，手有余香

人的自私是多种多样的，有的体现在金钱上，有的体现在感情上，有的体现在名声上，有的体现在一些小事上。人有一点儿私心是可以理解的，可若是过于贪婪，只为自己着想，从不考虑别人，那就是一个无情而无知的人，最终只会害人害己。

有一对年轻人非常具有挑战精神，有一天他们突然想挑战一下沙漠，于是带上充足的食物和水，走进了黄沙滚滚的沙漠。岂料一场大风暴之后，他们在沙漠中迷路了，随着时间一天天过去，他们始终找不到沙漠的出口，带的干粮和水逐渐减少。

又过了几天，这对年轻人仍然没有走出沙漠。可是，他们只剩下一袋面包和一瓶水了，他们决定吃掉这些东西来补充体力，再做最后的努力。这时候，自私的本性暴露了出来，他们谁都想做“独吞者”，结果一番争斗后，一个人抢到了面包，另一个人抢到了水。自私让他们谁也不肯让谁，谁也不肯分给彼此一点儿。

结果可想而知，抢到水的人饿死了，抢到面包的人渴死了。

自私是贪婪的土壤，贪婪是万恶之源。过于自私的人生，无论面对的是快乐还是痛苦，对我们而言都是一种惩罚，没有一个人会因为自私而得到别人的亲近。自私如此费力不讨好，我们不如静下心来，学着摒弃自私，学会与人分享。

《菜根谭》中有这样一句话：“路径窄处，留一步与人行；滋味浓时，减三分让人尝。”这里说的就是让我们要学会分享。分享是互利的、双赢的。快乐如果能够分享，快乐会加倍；痛苦如果能够分担，痛苦会减少。

有一个年轻人因为一场车祸去世了，遇到上帝时，他问道：“在我们的世界里，有许许多多的关于天堂和地狱的说法，你能不能让我看一下真正的天堂和地狱有什么区别？”上帝见年轻人很真诚，就答应了他的要求。

他们先来到地狱，年轻人感觉浑身冷得瑟瑟发抖，地府中寒气逼人，看见的都是骨瘦如柴、饱受饥饿的灵魂。“为什么他们都这么瘦呢？好像一副没吃饱的样子。”年轻人有些害怕地问上帝。

“你看那边！”此时，只见一群灵魂围在一口巨大的锅旁，锅里煮着美味的食物，每个灵魂都争先恐后地用勺子盛食物，送到自己嘴边，可是他们手里的勺子太长了，吃到嘴里的远没有掉到地上的多，个个又饿又失望。

接着，上帝又带年轻人来到天堂，只见一群灵魂正在一口巨大的锅旁吃饭，他们手上的勺子也很长，可是灵魂们都把盛上食物的勺子送到对面灵魂的口中。你喂我、我喂你，他们个个都能吃饱饭，所以个个脸色红润、身体健康，如仙人一般。

看到这番情景，年轻人顿时明白了天堂和地狱的区别。

天堂和地狱之所以有天壤之别，唯一不同的就是天堂的灵魂不是自私地将勺子喂给自己，而是喂给彼此吃。静思这个故事，你会明白分享看似是在做一笔“赔本”买卖，实际上最终往往可以获得更多。

试想一下，当你尝到一份美妙的快餐时，邀请好友也一起品尝，看到好友吃得津津有味的样子，你是不是有种成就感、满足感？当你将看到或亲身经历的一些趣事讲给别人，看到对方笑得东倒西歪时，你是不是也很开心？

不仅是我们个人，公司也应该学会分享。仔细观察微软、英特尔等商业巨头，你会发现，它们的成功正是因为善于分享。

以微软来说，视窗操作系统的火爆让微软大赚了一笔之后，比尔·盖茨并没有“私藏”这项技术，而是与所有硬件厂商和软件厂商分享着视窗操作系统火爆的商机。现在，很多硬件厂商的产品都支持微软的所有操作系统和软件，所有软件厂商的产品也能在微软的操作系统中运行，这就是微软的分享精神。正是因为这种分享，微软才能称霸全球操作系统市场。

试想，如果比尔·盖茨器量狭小、过于贪婪，不把操作系统市场与硬件厂商和软件厂商分享，仅凭一己之力，微软能够有今天的辉煌吗？恐怕他会成为众多人眼中的“吝啬鬼”，以致留不住优秀人才，抵抗不住竞争对手的压迫。

在生活中，我们千万不能被自私和贪婪所控制，要时常静下心来，想想自己能够为别人做些什么，分享各自所有，如此我们不但能赢得别人的好感，也会收获颇多，这真是“赠人玫瑰之手，经久犹有余香”。

知足常乐，身心快活

在生活中，每个人都会有些需求与欲望，但是需求和欲望应与本人的能力及社会条件相符合。一个人如果什么都想拥有，陷入欲望的沟壑当中，不停地索取、不停地追逐，就会身心疲惫且永远也感受不到幸福。

人们常用“人心不足蛇吞象”形容贪欲无止境的现象，它来自一个典故。

几百年前，有一个名叫“象”的穷人，他每天都不得不到后山砍柴，然后卖给邻居们，好维持生计。一年寒冬，象在后山上发现一条冻僵了的蛇，于是便将蛇带回家，放到屋子里最暖和的地方。

没多久，蛇醒过来了。为了感谢象的救命之恩，它愿意帮他实现任何愿望。一时间，象简直如获至宝。一段时间过去了，象只是要求每天能有简单的衣食，蛇都一一满足了他。后来，国王生了一种重病，需要用蛇的眼睛作为药引，承诺如若谁能够找到蛇眼，就会得到高官厚禄以作为奖赏。

得知这一情况后，象立刻想到了自己救过的那条蛇，于是他找到蛇，并说明了自己的来意。没想到，蛇竟然毫不犹豫地取下自己的一只眼睛给了象。然后，象把它献给了国王，国王的病果然好了，象因此得到了承诺的高官和厚禄，过着锦衣玉食的生活，简直是从“地狱”升到了“天堂”。

不久，国王最喜爱的一位公主生病了，太医说需要蛇肝才能医好。于是，国王再次下旨，承诺能找到蛇肝者将被招为驸马，象又去找蛇。蛇张开嘴，让象拿着刀子爬进去割下一块蛇肝。蛇肝治好了公主的病，象成了人人羡慕的驸马。

有一天，国王对象说，蛇肝真是个好东西，如果平时也能够常常吃到一点，说不定还能够强身健体呢。为了讨好皇帝，象再次找到蛇。蛇还是张开嘴，让象爬了进去。这一次，象想多割一些，结果蛇太疼了，一下子昏了过去，嘴也合上了，象就被闷死在了蛇的肚子里，再也没有出来。

每个人都有欲望，都想过美满幸福的生活，都希望丰衣足食，这是人之常情。但是，如果总是希望将这些东西据为己有，把这种欲望变成不正当的欲求，每天都在幻想填平心里的欲望，那么那些欲望就会成为反方向的沟壑，你越是想填平，它就向下凹得越深。

所以，当我们被欲望困扰的时候，应该静下心来想想自己是不是太过贪心了，要时常告诫自己决不能“欲壑难填”，陷入欲望的沟壑当中，应该做到知足常乐。

“知足常乐”语出《老子·俭欲》:“罪莫大于可欲，祸莫大于不知足；咎莫大于欲得。故知足之足，常足。”知足常乐，实际上是要我们在欲望和现实之间找一个和谐的平衡点，让自己的内心可以安然地淡定下来。

同样是半杯水，贪婪的人会认为:“真倒霉！本来就够渴的了，好容易看到点儿水，还只剩一半。”而知足的人正好相反，会微笑着告诉自己:“真是太好啦，杯子里还有一半水呢，渴了我还有半杯水可喝。”

所以，快乐与富贵、贫穷是无关的，关键取决于我们的内心是否满足。“知足者贫穷亦乐，不知足者富贵亦忧。”对现有的收获倍加珍惜、对目前的成果尽情享受、内心知道满足的人，永远会感到快乐。

苏格拉底单身时，和几个朋友一起住在一间很狭小的屋里，生活非常不便，但他整天乐呵呵的。有一个人问:“那么多人挤在一起，你有什么可乐的?”苏格拉底说:“我们随时都可以交换思想、交流感情，这难道不是很值得高兴的事儿吗?”

过了一段时间，朋友们相继搬了出去，屋子里只剩下苏格拉底一个人，但是他仍然很快活。那人又问:“你一个人孤孤单单的，有什么好高兴的?”苏格拉底说:“一个人安静，我可以认真地读书，这怎能不令人高兴呢?”

几年后，苏格拉底搬进了一座7层大楼里，住在最底层。底层的环境很差，上面的人老是往下面泼污水，丢破鞋子、臭袜子等乱七八糟的东西，但苏格拉底还是很快乐。那人又问原因，苏格拉底回答："住一楼出入很方便，而且还可以在空地上种花草……这些乐趣呀，数也数不尽！"

过了一年，7楼顶层一个偏瘫的老人上下楼很不方便，便与苏格拉底调换了房间，苏格拉底每天仍然是快快乐乐的。那人揶揄地问："住7层楼是不是也有许多好处啊？"苏格拉底说："是啊！没有人在头顶干扰，白天黑夜都非常安静；每天上下楼几次，有利于身体健康；光线好，看书写字不伤眼睛……"

知足是根，常乐是果，知足弥深，常乐的果才会丰硕而甜美。知足常乐，在烦躁与喧嚣中会过滤一切压抑与深沉，沉淀一种默契与亲善，澄清一种本真与回归，久而久之便会使我们步伐轻盈、精力充沛。

有首《知足常乐》的歌谣，颇具意味，其中几句歌词是这样唱的："想想疾病苦，无病即是福；想想饥寒苦，温饱即是福；想想生活苦，达观即是福；想想乱世苦，平安即是福；想想牢狱苦，安分即是福……"

找回自己那颗宁静的心，学会知足，对事坦然面对、欣然接受，如此对于风雨兼程的我们来说，便有一个宁静温馨、妙趣融融的避风港口，这种人生境界是整日泡在荣华富贵之中而又永远没有满足感的人所无法体会的。

无欲自然心似水

白雪公主的故事大家一定都不陌生，诱惑就像恶毒王后手里的苹果，美丽却有毒。面对这样的诱惑，我们稍不慎重，就有可能像白雪公主那样走进别人设计的“圈套”，一失足成千古恨。

在五彩缤纷的诱惑中，我们要想对诱惑多一份抵抗力，超越红尘之事的干扰和影响，朝着正确的目标前进，就要屏息静气、站稳立场，摒弃过分的物质追求和物质享受，心无所求且无所欲，守住自己的内心。

“无欲自然心似水”“无求胜于三公上”，这是古人总结出的人生哲理，旨在告诫我们要舍弃满脑子的功利与浮躁，不为外物所羁绊，不为浮云遮蔽双眼，从而获得一种超然物外的自在与宁静。

“海纳百川，有容乃大；壁立千仞，无欲则刚。”这是林则徐的至理名言，正是因为摒弃了私欲，没有任何的私心，他才无所畏惧、一身正气、刚直不阿，成为历史上著名的清官、英雄人物。

林则徐正气凛然、执法严明，对腐败深恶痛绝，他屡次论斥权幸大臣，严厉打击邪恶势力，皇亲国戚、佞臣奸党无不惧怕。林则徐每到一任，都使得贪官污吏心惊胆战，土豪恶霸威势顿挫，穷苦百姓欢欣鼓舞。

1838年，林则徐抗英禁烟。外国烟贩和勾结他们的洋行商人，起初并没有把林则徐的到来放在心上。他们知道，清朝官员都爱钱，只要花些银子，就没有过不了的关，可这一回，他们的如意算盘打错了。“本大臣不要钱，只要你的脑袋！”林则徐大举没收鸦片，并亲自监督鸦片的销毁。

林则徐的“刚”，源于“无欲”。他克己奉公、两袖清风。为官几十年，他一日三餐只吃“落斛粥”(次米熬成的粥)，一切唯温饱能居而已；外任时不吃沿途州府官吏为其安排的饮食，认为为官者必须坚决杜绝私欲。林则徐对个人、对生活从无他求，因此不畏权贵、了无牵挂和丢官、杀头。

无欲，是要求人们不贪得、不妄求，但不是教人们不思进取和漫不经心，也不是让大家心灰意冷和垂头丧气，而是学会克制私欲、淡泊明志、刚锋永在、清节长存。

无欲则刚，是超脱尘网的“灵药”。面对错综复杂的大千世界，面对来自各方的种种诱惑，我们可将这一警语作为立身行事的指南。无欲才能宽心，事事容得下、放得下，身心自然清澈了，又岂有贪婪之念？

有一位诗人为了追求心灵上的满足，不断地从一个地方到另一个地方。他的一生都是在路上以及各种交通工具和旅馆中度过的。当然这也并不是说他没有能力为自己买一座房子，这只是他选择的生活方式而已。

后来，由于诗人在文学艺术上作出了巨大的贡献，有关部门给他免费提供了一所住宅，并决定聘用他为文化部的干部。但是，诗人拒绝了，他说："如果我接受那些外在的房子、物质等，不仅要为之耗费精力，还很有可能受到诱惑，杂念和烦恼自然就会束缚我的内心，同时也束缚了我的生活。"

就这样，这位独行的诗人在旅馆和路途中度过了自己的一生。诗人死后，朋友在为其整理遗物时发现，他一生的物质财富就是一只简单的行囊，行囊里是供写作诗的纸笔和简单的衣物以及10卷极为优美的诗歌和随笔作品。

这位诗人正是放下了过多的欲望，排除了外物的各种诱惑，内心一直处于十分平静的状态，杂念和烦恼无安身之地，最终才得以丰富了精神生活，将事业进展得更为顺利，为文学界作出了巨大的贡献。

守住自己的内心，"无欲则刚"将使我们在障眼的迷雾中辨明方向，朝着正确的方向勇往直前、克敌制胜；将使我们如同苍松翠柏，不怕乌云翻卷，不怕雨暴风狂，挺立世间，永不摧折！

享受寂寞的给予

面对诱惑，我们要有自律的心态，耐得住寂寞，扛得住诱惑。一个人独享自在和轻松，也是一件非常有情调的事情。那些成功的人，大多是长期默默无闻地行进和低头苦苦地奋斗。古代科举成名的学子，哪个不是十年寒窗苦读，最后才一朝登上殿堂。假如这些学子不能忍受住寂寞，那么他们又怎么能把全部的心思花在读书上，又怎么能够学富五车、才高八斗呢?

我们当中的许多人，一旦心中滋生了寂寞，那么即使他身处闹市之中，也会觉得自己形同沙漠中的独行者，感到孤身一人，感到空虚无聊，感到落落寡欢，以至于到了最后精神莫名其妙地焦躁起来，整个人连一点前进的意志都没有了。

在大多数日子里，我们都在感叹时间过得飞快，白驹过隙之间，一天也就过去了。但是，当我们处于寂寞之中时，却又感叹时间缓慢，大有度日如年之感，因而我们中的大多数的人总是在想尽办法排解身边的寂寞。

有的人说，甘于寂寞是人生当中一种消极厌世的表现，是一种对自己人生极不负责的态度，是一种与世隔绝、自命清高的做作。其实，这种看法是有偏见的。能享受寂寞、忍受得住寂寞的人，并非他们眼中那种离群索居的人；也不是清心寡欲，要去做什么和尚和尼姑的人；更不是消极厌世、沮丧颓废的人。

所谓的甘于寂寞，乃是面对诱惑时的一种超然，是一种自在和轻松。甘于寂寞，是漠视诱惑的一种表现，是淡泊明志、宁静致远，以至脚踏实地默默耕耘的一种精神境界。

正因为如此，忍受得住寂寞的人，常常能够拥有自己的心灵境界，最终也往往能够忍受得住寂寞，成就出一番大事业来。忍受得住寂寞的人有自己的理想和目标，更有一颗经受得住寂寞、乐于奉献和钻研的心。

也正因为如此，忍受得住寂寞的人，不乏强烈的自信心和自尊心，他们不但能够在诱惑面前脚踏实地地工作和奉献，还能用自己的良知和理性严格地塑造自己、鞭策自己和完善自己。想干大事的人，就要经得住诱惑，忍得住寂寞。

忍得住寂寞，独享自在和轻松，才是一个人的成功之道。我们大家都知道，无论是过去还是现在，律师通常是一份既赚钱又有身份地位的工作。当年，大文豪巴尔扎克的父亲也是抱着这种看法，要求巴尔扎克去学习法律的。但是巴尔扎克抵御住了金钱和名利的引诱，忍受住了寂寞，宁可蜗居在租来的小房子里面，靠着朋友们的周济过日子，从没有改变他最初的志向。

正是他的这种能够忍受得住寂寞，能够拒绝诱惑的心态和境界，才使他在以后成为举世闻名的大文学家，才使他的作品能够成为文学史上璀璨的明珠。

忍受得住寂寞，即使在最艰难和最屈辱的时候，也能独享自在和轻松。司马迁做官，完全可以像其他官员一样，皇帝怎么说他就怎么做，皇帝说什么他就跟着说什么，这样就可以无忧无虑，可以得到高官厚禄。但是司马迁并没有被眼前的高官厚禄所引诱，只要是自己认为对的，认为是对国家和人民有帮助的，他就向皇帝进言，敢讲真话，结果遭受耻辱的宫刑。但是这耻辱的宫刑又能怎么样呢?

司马迁忍受住了屈辱，放下了所有的顾虑，更忍受住了寂寞，写出了名垂千古的巨著《史记》。

其实，人在寂寞里也能寻找到轻松和自在。比如一个人找一个幽静的地方，发半天傻，这绝对是件非常轻松自在的事情。由最初的忍受寂寞到享受寂寞，你会觉得非常有意思，远离诱惑，享受寂寞，其实能让我们做很多很多的事情。比如我们可以看看闲书或者写一页心情笔记，记录一下工作的感受；看着一杯清茶或者咖啡在我们面前冒着热气，沁人心脾的香味会制造出温馨和浪漫的感受。

这种时候，诱惑再也和我们无关，浮躁也远离了我们，平日里一天也做不完的事情也许一下子就能完成。在家里的时候，有电视和电脑游戏的诱惑，我们设定的计划全部都被打乱了。所以，找一个幽静的地方，即便是看窗外行人的身影，我们也能在寂寞中感到轻松和自在。

寂寞能让人平静下来，能带给我们久违的自在和轻松。它能够让我们抵制住诱惑，远离那些温柔甜蜜的陷阱。它也能让我们变得平静放松，让我们在这份轻松中获得更多灵感。在这个到处都充斥着诱惑和繁杂的世界里，寂寞其实并不如我们想象得那么可怕，相反，我们缺少的正是一份久违的寂寞。忍住了寂寞，享受了寂寞，我们也就获得了自在和轻松，也就走在了一条迎接繁华和辉煌的路上。